A CONSTRUÇÃO DA GEOGRAFIA UNIVERSITÁRIA NO RIO DE JANEIRO

Fundação Carlos Chagas Filho de Amparo
à Pesquisa do Estado do Rio de Janeiro

Mônica Sampaio Machado

A CONSTRUÇÃO DA GEOGRAFIA UNIVERSITÁRIA NO RIO DE JANEIRO

apicuri

Copyright © 2009 by Editora Apicuri Ltda.

Preparação e Revisão
Taynée Mendes

Capa
Roger Christian & Mauro Sant'anna

Editoração eletrônica e Projeto Gráfico
Aped - Apoio & Produção Ltda.

CIP-BRASIL. CATALOGAÇÃO-NA-FONTE
SINDICATO NACIONAL DOS EDITORES DE LIVROS, RJ

M129c

Machado, Mônica Sampaio
    A construção da Geografia Universitária no Rio de Janeiro / Mônica Sampaio Machado. - Rio de Janeiro: Apicuri, 2009.
    232p.
    Inclui bibliografia
    ISBN 978-85-61022-18-1

1. Geografia - Estudo e ensino - Rio de Janeiro, 1935-1999. 2. Universidade Federal do Rio de Janeiro. I. Título.

09-0560.		CDD: 910
		CDU: 913
06.02.09	12.02.09	010976

[2009]
Todos os direitos desta edição reservados à
Editora Apicuri.
Telefone/Fax (21) 2533-7917
editora@apicuri.com.br
www.apicuri.com.br

PARA PAULA,
MUITO QUERIDA,
E À MEMÓRIA DE MEU PAI,
PROFESSOR E SERVIDOR PÚBLICO.

ÍNDICE

PREFÁCIO • 9

APRESENTAÇÃO • 17

INTRODUÇÃO • 23

CAPÍTULO 1 • 45
Considerações sobre a Universidade brasileira e sua especificidade no Rio de Janeiro

CAPÍTULO 2 • 53
A Geografia na Universidade do Distrito Federal

a) Universidade do Distrito Federal: objetivos e composição do projeto da Escola Nova • 59
b) O Curso de Geografia da UDF • 65
c) Os professores de Geografia da UDF: indivíduos que fizeram sua história • 70

CAPÍTULO 3 • 93
A Universidade do Brasil: a Geografia na Faculdade Nacional de Filosofia

a) O Curso de Geografia na Faculdade Nacional de Filosofia • 106
b) Estrutura curricular e quadro de professores • 109
c) As contribuições intelectuais e articulações institucionais dos seus principais docentes • 116
d) Contexto de configuração do campo científico-disciplinar da Geografia • 140

CAPÍTULO 4 • 157
A Universidade Federal do Rio de Janeiro: a realocação da Geografia e a implantação de seu Programa de Pós-graduação

a) A implantação da Pós-graduação e o desenvolvimento da pesquisa em Geografia • 162
b) Importância e característica da produção discente do Programa de Pós-graduação como fonte documental • 174
c) Processo e critérios de classificação da produção discente do Programa de Pós-graduação • 176
d) Uma análise da produção discente do Programa de Pós-graduação em Geografia • 180

CONCLUSÃO • 193

REFERÊNCIAS BIBLIOGRÁFICAS • 205

LISTA DE DOCUMENTOS • 217

PREFÁCIO

Pedro P. Geiger

O livro de Mônica Sampaio Machado, que trata da história da Geografia universitária na cidade do Rio de Janeiro, atende a dois propósitos subentendidos. Um deles é sugerido na epigrafe introdutória, uma citação de François Dosse: trazer à memória a história da Geografia no Brasil com o fito de criar um elo social entre gerações, de geógrafos, de estudiosos de áreas afins, e de cidadãos em geral. O outro, em virtude da exposição historiográfica da autora se valer de um rico material recolhido, sugere, implicitamente, um debate crítico, não apenas sobre as teorias da disciplina, os fundamentos e métodos empregados, mas sobre o modo real em que instituições e geógrafos se realizaram. Isto é, considerando as condições sociais dos ambientes nos quais os trabalhos se realizaram, e as dos indivíduos que neles atuaram.

Neste sentido, Mônica Machado parece se aproximar do pensamento de Michel Foucault e de seus discípulos quanto ao fato de articular a estrutura social e o modo de ser dos homens que a compõem. A necessidade de estudar o formato estrutural da sociedade, dos seus diversos agenciamentos e atores sociais, articulando-o às interações entre os mesmos, uma vez que definem o movimento, evidencia-se na forma de exposição da autora. No caso da Geografia, ela também nos lembra ser ainda muito pequeno entre nós o estudo de interfaces da História Social, da Sociologia do Conhecimento com a Epistemologia da Geografia.

Em sua introdução apresenta excelente fundamentação baseada em uma rica literatura sobre o sentido de se fazer historiografia e de se tratar, particularmente, da história da institucionalização do campo geográfico no Brasil. Recorrendo às contribuições de Pierre Bourdieu, a autora declara o seu "intuito de estabelecer uma intermediação entre a estrutura social e o ator social" e a "tentativa de identificar os principais agentes da história, indivíduos ou grupos que exerceram papel preponderante na formação da Geografia universitária do Rio de Janeiro e mesmo na formação da Geografia brasileira".

A história da Geografia universitária no Rio de Janeiro é exemplo vivo desta interação estrutura/agentes. Embora o antigo Distrito Federal não gozasse de maior autonomia, sede que era do governo federal brasileiro e tendo o seu prefeito nomeado pelo presidente da República, era a maior cidade do país dotada de enorme potencial social, chamado *capital social*. Nesse meio oferecido pela cidade surge à iniciativa de Anísio Teixeira quando Pedro Ernesto era o prefeito, de instalar a Universidade do Distrito Federal, tecnicamente, de administração municipal. A autora dedica páginas para descrever o confronto e debate em torno da Escola Nova. De um lado estavam seus defensores, Anísio Teixeira e outros intelectuais e políticos, e de outro a Igreja Católica e intelectuais conservadores, como Alceu Amoroso Lima. Um *capital social* do qual também começavam a se propagar as idéias do socialismo. A criação da Universidade do Distrito Federal é de 1935, o mesmo ano da Intentona Comunista.

Em 1937, o governo Getúlio Vargas instalou o Estado Novo. Pedro Ernesto se torna *persona non grata*. "Em seu primeiro e segundo anos de existência, 1935-1936, a UDF" {Universidade do Distrito Federal} esteve mais próxima das propostas do Brasil-nação dos políticos e educadores liberais. Em seus dois últimos anos, 1937-38, a UDF ficou sob grande influência do governo federal e da corrente católica (...). Essa nova orientação toma corpo, definitivamente com sua extinção e transferência de seus cursos para a recém criada Faculdade Nacional de Filosofia da Universidade do Brasil, em 1939."

Neste ínterim, o ambiente estudantil universitário se tornara um palco de agitação política contra a ditadura e onde começam a florescer as idéias do socialismo, particularmente após a eclosão da Guerra na Europa (1939) e do ataque a Pearl Harbour (1941). Em 1941, por exemplo, ao ser nomeado Reitor, Santiago Dantas, que fora expoente do Partido Integralista, não consegue tomar posse, e desiste, por pressão estudantil. A própria marcha dos estudantes ao Palácio Guanabara, anos mais tarde, pela entrada do Brasil na Guerra, tinha como alvo último, o fim da ditadura do Brasil, o que realmente ocorre com a vitória dos *aliados*. É este quadro social e político quando em 1939, a antiga Universidade do Distrito Federal é transformada na federal Universidade do Brasil. Em 1965, já depois da mudança da capital e da instalação de Universidade em Brasília, ela passa a Universidade Federal do Rio de Janeiro.

Até a Segunda Grande Guerra havia um pequeno setor marxista no campo acadêmico, afim com o setor liberal. Com o novo quadro geopolítico mundial, após o conflito, cresce, então, a contradição entre as tendências esquerdistas e a das outras correntes, liberais e conservadores no seio da sociedade. Minoritária, a esquerda é derrotada pelo golpe militar de 1964 e com ele irão perder também os liberais. Diga-se que as perseguições sofridas por professores esquerdistas, ou bastante liberais, da antiga Universidade do Brasil, foram devidas mais aos professores 'dedo-duro', invejosos. O personagem Eremildo, o idiota, criado por Elio Gaspari em suas crônicas jornalísticas é uma vingança contra o professor de História Eremildo Vianna, que foi um 'dedo-duro mor' na área das Ciências Sociais.

Assim como não faltou apoio à ditadura estadonovista, ou colaboração, por amplos setores da intelectualidade brasileira, tendo em vista sua superação da República Velha, o mesmo ocorreria durante a ditadura militar. A idéia de que os professores do Departamento de Geografia da Universidade do Brasil, que tiveram a liberdade de escolha, teriam optado se juntar às ciências naturais, no então recém criado Instituto de Geociências, e não com a História, nas Ciências Sociais, porque queriam fugir ao controle maior imposto pelo regime militar a esta área e não sofrer possíveis cortes no recebimento de recursos, é certamente uma máscara. O professor Eremildo, a pouco citado, era da História e gozava de alto prestígio junto ao poder. O que certamente influiu para a decisão era a visão naturalista da Geografia deixada por Hilgard Stenberg e que ainda prevalecia, na época, na antiga UB.

O quadro nacional autoritário mais a evolução internacional, no período entre 1960 e 1980, atuaram no sentido de drenar entes intelectuais, do setor liberal, e mesmo conservador, para a esquerda. Fenômeno recorrente. Já anteriormente, expoentes do integralismo, como Dom Helder Câmara, Santiago Dantas ou Guerreiro Ramos, tinham deslizado da direita para a esquerda. Ao término do regime militar a esquerda rumava para a hegemonia na área acadêmica e intelectual universitária.

Mônica Machado descreve com minúcias, ao longo do livro, enorme quantidade de episódios da história universitária do Rio de Janeiro, revelando os jogos de natureza política e ideológica travados entre os diferentes setores da sociedade, assim como a participação e o papel exercido pelos setores governamentais nos desenvolvimentos. Com muita clareza é explicada a situação que fez o IBGE ser o principal centro da gravidade do movimento histórico de desenvolvimento geográfico universitário no país. Aqui cabe destaque a exposição da autora sobre o papel do IBGE no processo de separação dos cursos de Geografia e de História.

Alguns episódios narrados no livro são ilustrativos de iniciativas empresariais, concomitantes com as atividades docentes de certos personagens. Apesar de não tratar dos cursos de Geografia de outras universidades públicas presentes na cidade e mesmo em Niterói, a autora não deixa de apresentar um rápido panorama da Geografia nessas instituições, onde as iniciativas empresariais mencionadas ocorreram e tiveram papel diferenciador se comparado ao projeto da Universidade do Brasil. A implantação da Faculdade de Filosofia do Instituto La Fayette, origem da atual Universidade Estadual do Rio de Janeiro, UERJ, decorreu de "um projeto elaborado pelo professor La Fayette Cortes em conjunto com professores do Colégio Pedro II. (...) A origem da Faculdade Fluminense de Filosofia, implantada em 1947, em Niterói, por meio de um convênio formado entre a Sociedade Cooperativa Mantenedora e a Secretaria de Educação do Estado do Rio de Janeiro" é outro exemplo de iniciativa de professores e da associação empresarial. Durante o regime militar, diretores e professores da maioria das universidades estaduais se empenharam pela federalização das mesmas, visando melhores remunerações. Em 1966 foi a vez da antiga Faculdade Fluminense de Filosofia se transformar na Universidade Federal Fluminense, a UFF.

Os vários episódios apresentados pela autora são também muito importantes porque reforçam uma idéia quanto ao sentido da expansão da atividade acadêmica e de setores intelectuais profissionalizados, no mundo como no Brasil, numa perspectiva da Economia Política. Nesse sentido, Mônica Machado evidencia o 'ímpeto' dos personagens que impulsionaram o desenvolvimento acadêmico brasileiro, inicialmente imbuídos de um grande projeto: "inventar a 'tradição nacional', tão acalentada pelos intelectuais sediados no Rio de Janeiro, fortemente ligados à modernização estadonovista", no sentido de montar uma nova formação econômica social para o país. Na Geografia, isso se evidencia "mediante a descrição do território, tarefa que possibilitaria romper com obstáculos políticos à integração espacial do país, advindos dos poderes de oligarquias regionais".

A argumentação desenvolvida e oferecida pela autora ao longo do livro abre, assim, possibilidades de debates e melhor conhecimento sobre o sentido dos atuais projetos acadêmicos para o país. Qual o sentido atual, de classe, dos ímpetos mais recentes voltados para a maior expansão de atividades acadêmicas e profissionalização de setores culturais, uma expansão que se vem dando num crescimento acelerado no Mundo e no Brasil? Ao lado da multiplicação das empresas transnacionais e dos seus executivos, se assiste igualmente à multiplicação de entidades acadêmicas, de ONGs, de congressos, de conferências, de publicações. Inclusive muitas dessas reuniões juntam representantes do setor empresarial e do setor acadêmico. Reforça-se a idéia de que este desenvolvimento, que cunhou o termo *sociedade do conhecimento*, e uma das características da *globalização*, em termos da Economia Política, é parte de uma tendência da transição para uma nova *formação econômica social e espacial.*

O economista Michael Kalecki, estudando o comércio, classificou as mercadorias segundo três categorias, ou departamentos, que chamou de bens capitalistas, bens de capitalistas assalariados e bens de assalariados, *tout court*. Por *afinidade eletiva*, propõe-se considerar a emergência de uma nova categoria de classe na formação contemporânea que seria composta de capitalistas, capitalistas assalariados e assalariados. Os capitalistas assalariados são os gestores da acumulação capitalista, dirigentes e executivos das empresas privadas e públicas, das organizações internacionais, que são remunerados com salários. As camadas qualificadas do setor acadêmico também pertencem a esta categoria. Eles inventam os novos produtos técnicos, medem e planejam a economia, produzem na indústria cultural (como o presente livro) etc. São híbridos, como assalariados podem desenvolver a consciência da defesa do trabalho, como capitalistas, pensam na acumulação. Como ocorre com os que detêm meios de produção, haverá pequenos capitalistas assalariados, que até lutam para manter o padrão vida de classe média, e os grandes capitalistas assalariados, professores universitários residindo na Vieira Souto. O declínio da utopia internacionalista e o crescimento do nacionalismo são provavelmente associados à expansão da categoria dos capitalistas assalariados.

A multiplicação das formas híbridas no presente, que a sensibilidade de arquitetos e artistas captou e deu margem ao movimento da pós-modernidade, se manifesta no meio universitário, por exemplo, quando cresce o número de professores universitários que circula entre funções docente, funções em altos postos governamentais e funções em altos postos de gestão empresarial. Alguns até se tornam banqueiros.

O mérito de um livro é quando ele também consegue fazer pensar além do que foi impresso. Neste sentido, o livro de Mônica Sampaio Machado merece todos os elogios.

APRESENTAÇÃO

História da Geografia ou historiografia da Geografia, eis o tema central deste livro. A arte de escrever sobre a Geografia e a literatura geográfica delimitam o sentido principal deste trabalho. Não se trata de um estudo sobre uma realidade material, sobre a organização e situação dos objetos e o deslocamento dos seres no espaço, mas sim sobre os discursos diversificados construídos pela ciência geográfica. Deste universo amplo, que envolve uma infinidade de possibilidades de investigação, este trabalho se dedica à historiografia da Geografia brasileira institucionalizada, mais especificamente da Geografia universitária desenvolvida no Rio de Janeiro, na universidade pública, implantada no Brasil na década de 1930, primeiramente, em São Paulo, por iniciativa do estado, e posteriormente no Rio de Janeiro, por ação do governo federal. Será aqui apresentada a historiografia da Geografia da UFRJ, que teve sua origem vinculada a Universidade do Distrito Federal e a Universidade do Brasil.

O recorte temporal inicial foi delimitado pelo ano de implantação do curso de Geografia, que coincide com o ano de fundação da primeira universidade no Rio de Janeiro. É interessante observar que o curso de Geografia juntamente com outros cursos de formação de professores compunham as então Faculdades de Filosofias, que se constituíam como núcleos do moderno modelo de ensino superior que se consolidava no país naquele momento. Já o recorte temporal final foi determinado pela pesquisa documental recolhida, que inclui a análise das dissertações defendidas no Programa de Pós-graduação de Geografia da UFRJ entre 1975, ano de defesa da primeira dissertação, e 1999, ano de finalização do levantamento e análise dessa documentação.

Importante capítulo da formação do campo científico da Geografia no Brasil, o curso de Geografia da UFRJ é herdeiro do curso de Geografia da Universidade do Distrito Federal, criado no mesmo momento desta universidade, em 1935. Seu percurso compreende um grande diálogo com as ciências sociais, principalmente quando, em 1939, compõe o conjunto de cursos da Faculdade Nacional de Filosofia, implantada na então Universidade do Brasil. A partir de 1967, aproxima-se das ciências da natureza, sendo realocado no Instituto de Geociências dessa Universidade, que recebe a denominação de Universidade Federal do Rio de Janeiro.

Apesar da centralidade desse curso de Geografia no Rio, entre os anos de 1940 e 1999, dois outros cursos participavam também da formação da Geografia carioca, o Curso de Geografia e História da Faculdade de Filosofia do Instituto La-Fayette e o Curso de Geografia e História da Faculdade de Filosofia Fluminense. Duas instituições particulares de ensino superior que originaram instituições públicas ainda naquele período. A primeira foi incorporada à segunda

Universidade do Distrito Federal (UDF), criada em 1950 em homenagem a Anísio Teixeira. Em 1958, esta instituição recebeu a denominação de Universidade do Rio de Janeiro (URJ), em 1961, foi rebatizada como Universidade do Estado da Guanabara e, posteriormente, com a fusão do antigo Estado da Guanabara e o antigo Estado do Rio de Janeiro, em 1974, recebeu a atual denominação de Universidade do Estado do Rio de Janeiro. A segunda instituição, a Faculdade de Filosofia Fluminense, em 1957-1958, foi agregada a recém-instituída Universidade Federal do Estado do Rio de Janeiro, que em 1966, recebeu a sua atual denominação de Universidade Federal Fluminense.

A trajetória da Geografia universitária no Rio de Janeiro é delineada por políticas institucionais associadas diretamente aos interesses e às disputas políticas nacionais, das quais o Rio foi, durante um grande período, seu palco central. Como vitrine da vida brasileira, a cidade do Rio de Janeiro incorporou em sua paisagem e em seu cotidiano um clima nacional, refletido também nas instituições aqui implantadas. A Geografia moderna, historicamente vinculada à construção e afirmação do Estado nacional, terá um significativo papel nesse contexto. Sua contribuição, formação e principais representantes parecem ter sido o resultado desse projeto político, quando não agentes de sua viabilização.

Apresentar a forma de participação e a expressão da Geografia universitária carioca no campo científico e político da Geografia brasileira constituem objetivos deste livro. Para tanto, buscou-se inicialmente a recuperação e organização de fontes documentais, escritas e orais, e bibliográficas pertinentes ao movimento institucional da Geografia no Brasil, especificamente da Geografia universitária no Rio de Janeiro. A partir desse levantamento foram organizados gráficos e tabelas, e também mapeados dados que auxiliaram a análise dos resultados obtidos, os quais podem ser conferidos ao longo desta obra.

Uma extensa pesquisa documental foi realizada em várias instituições de armazenamento da memória política e educacional do Brasil, como Arquivo Nacional, Biblioteca Nacional, Núcleo de Documentação e Memória do Colégio Pedro II (Colégio Pedro II – Centro), Instituto Histórico e Geográfico do Brasil (IHGB), Programa de Estudo e Documentação, Educação e Sociedade (PROEDES/UFRJ), Biblioteca do Programa de Pós-graduação em Geografia da Universidade Federal do Rio de Janeiro, Setor de Arquivo Permanente e Intermediário do Arquivo Central da Universidade Federal Fluminense, Núcleo de Memória, Informação e Documentação da Universidade do Estado do Rio de Janeiro (MID/UERJ), Departamento de Ensino e Graduação da Universidade do Estado do Rio de Janeiro, Associação dos Diplomados da Faculdade de Educação da Universidade do Estado do Rio de Janeiro, Centro de Pesquisa e Documentação de História Contemporânea do Brasil da Fundação Getúlio Vargas (CPDOC/FGV), Biblioteca do Instituto Brasileiro de Geografia e Estatística (IBGE) e Biblioteca da Associação dos Geógrafos Brasileiros de São Paulo (USP).

Dando complementaridade à pesquisa documental, foram efetuadas entrevistas com personagens importantes da Geografia brasileira, com geógrafos que estiveram vinculados às Universidades UFRJ, UFF e UERJ e com geógrafos que não pertenceram à estrutura universitária, mas que participaram efetivamente da construção da Geografia nacional. Foram recolhidos depoimentos dos seguintes profissionais: Maria do Carmo Galvão (UFRJ), Bertha Becker (UFRJ), Jorge Soares Marques (UFRJ/UERJ), Paulo Pimenta (UERJ), Miguel Alves de Lima (UERJ/IBGE), Roberto Schimdt de Almeida (IBGE), Pedro Geiger (IBGE), Ruy Moreira (UFF), Carlos Walter Porto Gonçalves (UFF), Dalva Regina dos Prazeres Gonçalves (UFF) e Maria Nazareth Martins Ramos (UFF).

O produto desta investigação resultou na tese de doutorado defendida em dezembro de 2002, na Faculdade de Filosofia e Ciências

Humanas da Universidade de São Paulo. Esta tese agora se transforma em livro. Assim, gostaria de deixar registrado, em primeiro lugar, meu profundo agradecimento ao professor André Roberto Martin, pela atenta orientação e constante interlocução e aos membros da banca examinadora constituída pelos professores Antônio Carlos Robert Moraes, Milton Lahuerta, Ruy Moreira e Shozo Motoyama. Na presente versão, de minha total responsabilidade, procurei, dentro do possível, incorporar algumas sugestões propostas pelos professores. Um agradecimento especial ao geógrafo e professor Pedro Geiger, que em entrevista a mim concedida, ajudou-me a refletir sobre o tema e a lapidar a idéia central da pesquisa. Tal agradecimento, pela mesma razão, deve ser estendido também ao professor Ruy Moreira.

Gostaria de agradecer, ainda, ao Programa de Estudos e Documentação, Educação e Sociedade, da UFRJ/PROEDES, principalmente à professora Maria de Lourdes Fávero; ao Setor de Arquivo Permanente e Intermediário do Arquivo Central da UFF, principalmente à Rosale de Matos Souza; ao Núcleo de Memória, Informação e Documentação da Universidade do Estado do Rio de Janeiro (MID/UERJ) e ao Departamento de Ensino e Graduação da Universidade do Estado do Rio de Janeiro (MID/UERJ), nas pessoas de Nysia Oliveira de Sá e Luiz Antônio de Souza, e aos amigos Ângela Damasceno, Cristina Nacif, Cristina Mary, Cláudia Castanheira, Eli Alves Penha, Jorge Barbosa, Joselaine Prandi, Leonardo Marino, Miguel Ângelo Ribeiro e Wanda Delvechio, pela interlocução, carinho e paciência.

Para finalizar gostaria de agradecer a Fundação Carlos Chagas Filho de Amparo a Pesquisa do Estado do Rio de Janeiro, a FAPERJ, pelo apoio concedido para a publicação deste livro.

INTRODUÇÃO

Uma das instituições mais importantes da reprodução da memória é a escola. Graças a essa função, a instituição escolar tem a finalidade de criar um elo social entre as gerações. Essa memória transmitida modifica-se ao sabor dos imperativos atribuídos pelo Estado à sociedade. É uma memória sob influência. Paul Veyne mostrou que o imperador romano monopolizou o evergetismo (benefícios concedidos ao povo pelos notáveis das cidades gregas e pelos senadores e imperadores romanos) para apropriar-se dos vestígios futuros da memória coletiva. Suzanne Citron, com Le mythe national, estabeleceu o elo entre a construção da identidade nacional e a transmissão de uma memória feita de lendas e heróis. A escola pouco aprende que a história ensinada não é o passado, mas um modo de ver o passado. Ainda é em grande parte herdeira da visão eurocêntrica nacionalista do século XIX.

François Dosse[1]

A pesquisa que deu origem ao livro teve início no final do ano de 1997, quando percebi a carência de um material coeso e sistematizado sobre a historiografia da ciência geográfica brasileira. Ao analisar os trabalhos produzidos, até então, sobre a trajetória da Geografia no Brasil, dois grandes eixos de estudos historiográficos puderam ser identificados. Compreendendo aproximadamente os anos entre 1939 e 1980, o primeiro eixo é composto de artigos de geógrafos diretamente ligados aos órgãos estatais e de planejamento, veiculados principalmente em periódicos do Instituto Brasileiro de Geografia e Estatística (IBGE), como o Boletim Geográfico e a Revista Brasileira de Geografia, em publicações da Associação dos Geógrafos Brasileiros, São Paulo (AGB/SP), e da Associação dos Geógrafos Brasileiros, Rio (AGB/RJ), como o Boletim Paulista de Geografia, os Anais da AGB/São Paulo e o Boletim Carioca de Geografia, e nas Revistas do Instituto Histórico Geográfico (IHGB) e da Sociedade Geográfica do Rio de Janeiro (SGRJ). Encaixam-se

---

[1] DOSSE, François, 2001, p. 35-36.

também nesse primeiro eixo os artigos não numerosos editados em livros de coletâneas, elaboradas por diferentes autores. É interessante observar que a característica maior desses trabalhos é o fato de repousarem em uma certa historiografia desenvolvida essencialmente por geógrafos vinculados aos órgãos oficiais, dos quais o IBGE era o grande expoente. De fato, há um domínio da historiografia da Geografia brasileira relatada e desenvolvida pelo IBGE, órgão oficial do governo federal.

O segundo eixo é composto por trabalhos que são temporalmente posteriores aos do primeiro e que retratam as pesquisas dos professores universitários e as dissertações e teses defendidas essencialmente nos departamentos de Geografia das universidades públicas. São estudos que surgem nos anos de 1980, como produto dos programas de pós-graduação em Geografia, e que haviam sido impulsionados em meados dos anos de 1970 pelo Governo militar. Essa produção é incrementada também a partir da realização do 3º Encontro Nacional de Geógrafos, organizado pela AGB, em Fortaleza, em 1978, onde são restabelecidas as discussões sobre o papel da disciplina e valorizada a recuperação de sua história.[2]

Cumpre salientar que tanto na produção do primeiro eixo quanto na do segundo, embora predominem trabalhos historiográficos referentes ao período institucional da Geografia no Brasil, raros são os artigos e estudos sobre o percurso da Geografia universitária. A carência desses trabalhos é surpreendente, e é incomum encontrar uma produção dedicada especificamente à historiografia da Geografia no Rio de Janeiro.

No segundo eixo, composto basicamente por trabalhos acadêmicos que investigam a perspectiva institucional, podem ser

---

[2] MORAES, Antonio C. R., 1999, p.17.

destacados três estudos produzidos no Rio de Janeiro: o primeiro de Marita Silva Pimenta (1985), sobre o Curso de Geografia da UERJ, na área da Educação, o segundo de Eli Alves Penha (1992) e o terceiro de Roberto Schmidt de Almeida (2000). Esses dois últimos, defendidos no Programa de Pós-graduação em Geografia da UFRJ, tratam da historiografia do IBGE.[3] Em São Paulo[4], sobressaem os estudos de Sérgio Nunes Pereira, sobre os lugares do saber geográfico entre 1838-1922, especialmente o Instituto Histórico Geográfico e a Sociedade de Geografia do Rio de Janeiro; de Perla B. Zusman, sobre as Sociedades Geográficas na Argentina e no Rio de Janeiro; de Cláudio Benito Oliveira Ferraz, sobre a obra de Delgado de Carvalho, 1913-1942[5]; e, na área da educação, o estudo de Genylton Odilon Rêgo da Rocha, sobre a Geografia no Colégio Pedro II (1837-1942).[6]

Como pode ser observado, inexistem pesquisas voltadas exclusivamente para a Geografia universitária. Essa temática pode

---

[3] PENHA, 1992; ALMEIDA, S. 2000, PIMENTA, M. 1985. Ambos os autores são geógrafos do IBGE.
[4] Com relação à temática mais geral da historiografia da Geografia brasileira, São Paulo apresenta um número significativo de produção. Destacam-se os estudos de Archela Rosely Sampaio (2000), sobre a cartografia brasileira na Geografia no período 1935-1997; de Werter Holzer (1998), sobre as paisagens e os lugares, numa perspectiva da Geografia humanística; das narrativas dos viajantes no Brasil do século XVI; de Manoel Fernandes de Souza Neto (1997), sobre o senador Pompeu, um importante personagem da Geografia brasileira no Império; de João Carlos Moreira (1997), sobre a relação do movimento modernista de 1922 e a configuração espacial e cultural de São Paulo; de Márcia Maria Cabreira (1996), sobre o Governo Vargas e o rearranjo espacial do Brasil, especialmente quando destaca o papel da disciplina Geografia na veiculação das ideologias do Estado; de Jorge Luiz Barcelos da Silva (1996), sobre a formação do pensamento geográfico brasileiro; de Vagner de C. Bessa (1994), sobre as ideologias geográficas no governo JK (1956-1960), destacando aquelas defendidas pelo ISEB; de Luis Lopes Diniz Filho (1993), sobre as ideologias geográficas através das formulações dos intelectuais no Estado Novo; de Rosana Figueiredo Salvi (1993), sobre o estudo do tempo na Geografia humana brasileira. Se forem considerados os estudos de Geografia escolar brasileira, poderiam ser adicionados cerca de dezenove trabalhos.
[5] PEREIRA, S. 1996; ZUSMAN, P. 1997; FERRAZ, C. 1994; ROCHA, G., 1996.
[6] Em função da importância histórica do Colégio Pedro II, com relação à formação da intelectualidade brasileira à época, consideramos que essa dissertação extrapola o campo estrito da Geografia escolar, participando assim do conjunto de estudos que contribuem para a compreensão do pensamento geográfico brasileiro.

ser encontrada em alguns artigos, principalmente do primeiro eixo, dispersos espacial e temporalmente. Diante da importância da universidade na formação e reprodução dos campos científicos-disciplinares, condição fundamental para a reprodução de comunidades autônomas de cientistas e intelectuais que, como tais, dispõem de representações políticas, o desenvolvimento de pesquisas historiográficas sobre o processo de institucionalização de seus campos de saber, indiscutivelmente, coloca-se como estratégia vital para que tais comunidades possam conhecer não apenas suas tendências científicas, mas sobretudo seus limites e potencialidades no domínio político-cultural.

Buscando dar uma pequena contribuição à comunidade científica da Geografia brasileira, este livro dedica-se à construção de uma leitura historiográfica da Geografia universitária no Rio de Janeiro, um dos primeiros núcleos de formação e debate da Geografia nacional. Tal leitura, especificamente dedicada à Geografia implementada na universidade pública, investigará o curso de Geografia da Universidade Federal do Rio de Janeiro, desde suas origens, em 1935, até o ano de 1999. Reconhecidamente, esse Curso é um dos principais núcleos difusores dos estudos geográficos universitários no Brasil.

Ao leitor, no entanto, é oportuno agora uma advertência. Assim como vários estudos desenvolvidos no campo da historiografia da ciência não são de autoria de historiadores de ofício, esta obra também não o é. De fato, o que se procura é recuperar e organizar fontes documentais, escritas e orais, e bibliográficas pertinentes à trajetória institucional da Geografia no Brasil, especificamente à trajetória da Geografia universitária no Rio de Janeiro, conforme apontado. Nesse sentido, a opção metodológica adotada aproxima-se da operacionalização de um estudo historiográfico clássico.

Objetivou-se aqui apresentar um panorama da evolução histórica da disciplina, colocando à disposição um cânone de autores e obras, diretamente vinculado à universidade, associado à periodização construída principalmente a partir das próprias fontes levantadas na pesquisa, mas também associados à historiografia geral já estabelecida na literatura geográfica. Paralelamente aos documentos oficiais, procurou-se valorizar diferentes tipos de fontes, recorrendo especialmente à história oral. Com o intuito de estabelecer uma intermediação entre a estrutura social e o ator social, perspectiva de análise encontrada em Pierre Bourdieu,[7] tentou-se identificar os principais agentes da história, indivíduos ou grupos, que exerceram papel preponderante na formação da Geografia universitária do Rio de Janeiro e mesmo na formação da Geografia brasileira.

No campo científico geográfico, esta perspectiva de trabalho vem sendo desenvolvida, ainda muito timidamente, sob o domínio da Epistemologia da Geografia, cujas interfaces com a História Social e a Sociologia do Conhecimento, embora evidentes, constituem terrenos ainda muito pouco tocados pelas pesquisas historiográficas da Geografia brasileira. Denominada por alguns autores de História Social da Geografia[8], essa área de investigação começa a tomar forma apenas recentemente, na década de 1980, quando são introduzidas mudanças significativas na maneira de produzir e organizar o conhecimento geográfico.

No Brasil, as práticas dos geógrafos e dos professores universitários de Geografia foram igualmente renovadas nos anos 80, pela grande influência dos trabalhos de Horácio Capel e Yves Lacoste, e dos brasileiros Milton Santos e Armando Corrêa da Silva[9],

---

[7] A problemática teórica da sociologia de Pierre Bourdieu repousa especificamente sobre a questão da mediação entre o agente social e a sociedade, antiga polêmica entre subjetivismo e objetivismo. Para resolvê-la, Bourdieu apresenta um outro gênero de conhecimento, que pretende articular dialeticamente o ator social e a estrutura social. De fato, o autor busca uma mediação entre as macro e micro interpretações da sociedade, isto é, entre as explicações puramente objetivas ou essencialmente subjetivas (ORTIZ, 1994, p.8).

[8] Para uma discussão inicial sobre História Social da Geografia ver Marcelo Escolar, 1996, p.49-96.

[9] CAPEL, H., 1977, 1983; LACOSTE, Y., 1985; SANTOS, M. 1986; SILVA, A., 1984.

que formaram alunos e orientaram pesquisas em Geografia, dentre as quais foi valorizada a vertente epistemológica. Principalmente a partir da contribuição desses autores, progrediram na ciência geográfica brasileira frentes interdisciplinares de pesquisa e, particularmente com as ciências sociais, como a Sociologia, a Ciência Política, a Antropologia e a História, os diálogos avançaram.

Dedicando-se ao campo epistemológico, especialmente preocupado com a vertente historiográfica, com investigações voltadas tanto para a Geografia material do território brasileiro quanto para os discursos construídos acerca desse processo, destacam-se os esforços de Antônio Carlos Robert Moraes, que procura implantar concepções inovadoras para o estudo historiográfico da Geografia, a partir da incorporação tanto da História Social quanto da Sociologia do Conhecimento, principalmente sob inspiração do pensamento de Bourdieu.[10] A influência da sociologia francesa, filiada a Bourdieu, no trabalho do autor pode ser notada em sua agenda de pesquisa e nas dissertações de mestrado e teses de doutoramento por ele orientadas.[11]

Inicialmente, como proposta metodológica, Moraes buscava sair do campo disciplinar da produção geográfica e identificar os discursos geográficos externos à Geografia. Entretanto, no desenvolvimento de suas pesquisas, percebeu não apenas a dificuldade em identificar a Geografia e os geógrafos no Brasil anteriores ao século XX, mas também a enorme carência de estudos no próprio campo científico-disciplinar da Geografia brasileira. O que o conduziu a voltar para a Geografia e se dedicar à construção de uma história social da disciplina.[12] Esse retorno esteve bastante orientado pelas

---

[10] MORAES, A. C. R., 2002, 1999, 1991 e 1988.
[11] MORAES, A. C. R., 1999.
[12] MORAES, A. C. R., 2002.

concepções de campo social e campo científico desenvolvidas por Pierre Bourdieu.[13] Concepções que, como aponta o próprio Moraes, já podiam ser identificadas na obra de Horacio Capel, quando o autor estudou a institucionalização da comunidade científica dos geógrafos, em finais da década de 1970.[14]

No sentido "bourdieuano", a ciência geográfica consolida, ao longo do século XIX, uma tradição acadêmica, criando, ao final desse mesmo século, um campo disciplinar razoavelmente autônomo, com propostas pedagógicas e de pesquisas levadas à frente por uma comunidade de especialistas que usam linguagens teóricas próprias. Assim, pode-se analisar a Geografia contemporânea como o projeto de um campo científico singular com sua história própria, que logra legitimação e institucionalização por caminhos variados e com uma cronologia específica de país a país, porém remetendo a filiações e paradigmas comuns aceitos por um corpo de especialistas, capaz de implementar estratégias de reprodução do próprio campo científico.[15]

No caso brasileiro, embora não se possa deixar de reconhecer a existência de importantes idéias geográficas ao longo do século XIX, o verdadeiro impulso de modernização do saber geográfico é

---

[13] Bourdieu define campo científico como uma das representações do campo social, compreendido como o local onde é travada a concorrência entre atores em torno de interesses específicos. Os atores, por sua vez, são portadores de um conjunto de costumes denominados *habitus*. O *habitus* é constituído por um aprendizado passado, como, por exemplo, o *habitus* adquirido na família e o *habitus* adquirido na escola, e está no princípio da formação de todas as experiências ulteriores. As práticas sociais dos atores, que provêm da relação de *habitus* socioculturais diferenciados em determinadas condições sociais, definem assim um campo social, como, por exemplo, o campo da ciência. Este se evidencia pelo embate da autoridade científica. Como qualquer campo social, o campo científico é um espaço onde se manifestam relações de poder, que são reguladas a partir de dois pólos opostos: o dos dominantes e o dos dominados. Os agentes que ocupam o primeiro são justamente aqueles que possuem um máximo de capital social, e, em contrapartida, os que se situam no pólo dominado se definem pela ausência ou pela raridade do capital social. No caso da ciência, o capital se refere à autoridade científica, a luta que se trava entre os agentes é uma disputa em torno da legitimidade da ciência. (BOURDIEU, P. 1994, p.122-155 BOURDIEU, 1989, p.59-73).
[14] CAPEL, H. 1977 e 1981.
[15] MORAES, A. C. R., 2002.

recebido no século XX, com a implantação de modernas instituições de ensino e pesquisa e relações estabelecidas entre seus profissionais, conforme mencionado mais adiante.[16] Diversos geógrafos que dedicaram estudos à historiografia da Geografia brasileira, guardando as devidas especificidades de seus trabalhos, apresentam também sua modernização a partir do processo institucional ocorrido ao longo da terceira década do século XX.[17]

Até mesmo os trabalhos de Robert Moraes, Lia Machado e José Veríssimo da Costa Pereira, que de diferentes maneiras abordaram questões relativas ao período pré-institucional, estabeleceram clara distinção entre a Geografia do século XX e a Geografia pretérita. Apesar de reconhecerem as contribuições dos "protogeógrafos", assunto específico do artigo de L. Machado, observa-se, na realidade, que os estudos estavam voltados para a valorização do campo científico-disciplinar da Geografia brasileira.[18] A noção de campo científico, nesse sentido, parece se colocar como um importante fio condutor do ponto de vista conceitual e metodológico, não apenas para as pesquisas historiográficas da Geografia moderna, mas também para as ciências sociais, que já vêm

---

[16] Cabe aqui uma observação. A concepção de campo científico não deve ser empregada em qualquer período histórico. No caso europeu, em geral, e no francês, em particular, ela só é possível de ser pensada a partir de meados do século XIX, quando os campos científicos começam a surgir e as áreas de especialização a se efetivar, o que vem explicar o grande interesse de Bourdieu por esse século. (BOURDIEU, 1989, p.60). Já no exemplo brasileiro, essa noção apenas pode ser ventilada no começo do século XX, quando se inicia o processo de institucionalização das ciências e, portanto, de separação dos campos de conhecimento, que até então apareciam unificados.

[17] Com relação à história da Geografia brasileira, sugerimos consultar os seguintes autores: ANDRADE, M. C. (1980 e 1991); BACKHEUSER, E. (1944); BERNARDES, N. (1982); FAISSOL, S. (1989); GEIGER, P. (1988); MACHADO, L. O. (1995); MONTEIRO, C. A. F. (1980); MORAES, A. C. (2002, 1999, 1991, 1988); PEREIRA, J. V. C. (1995); PETRONE, P. (1979); VALVERDE, O. (1984). Embora apresentem abordagens e caminhos metodológicos distintos, todos esses autores estão, de fato, preocupados com o campo disciplinar da Geografia, que tem sua origem na década de 1930.

[18] MACHADO, L. O., 1995; MORAES, A. C., 2002, 1999, 1991, 1988 e PEREIRA, J. V. C., 1995.

desenvolvendo estudos nessa direção, como, por exemplo, a obra organizada por Sergio Miceli, *História das Ciências Sociais no Brasil*.[19] Localizando-se nessa perspectiva de trabalho, este livro procura dar uma contribuição ao entendimento do campo científico da ciência geográfica brasileira, através da recuperação e análise historiográfica da Geografia universitária desenvolvida no Rio de Janeiro.

Definiu-se como recorte temporal os anos de 1935 a 1999, um longo período a partir do qual foram fixadas e aprofundadas algumas sessões que apresentavam debates e questões extremamente pertinentes e esclarecedoras para a compreensão da Geografia brasileira. O marco inicial é o ano de 1935, quando se implantou o primeiro curso de Geografia na Universidade do Distrito Federal (UDF), no Rio de Janeiro, então capital da República. Como um capítulo importante da institucionalização da Geografia no Brasil, o curso de Geografia da UDF, paralelamente ao curso de Geografia da Universidade de São Paulo, inaugurado um ano antes, constituiu-se em um dos primeiros núcleos de formalização da sua comunidade científica. O ano de 1999 foi estabelecido como limite da investigação, em função da necessidade de conclusão das pesquisas empíricas para a elaboração e sistematização das informações. Procurou-se estender ao máximo o recorte temporal, para que fosse possível uma ampla visualização do processo de constituição da Geografia universitária no Rio de Janeiro.

É importante registrar que o estabelecimento da Geografia universitária na década de 1930 foi produto da modernização política institucional promovida pelo governo Vargas, que acabou atingindo diversos setores da sociedade e se manifestando na criação de inúmeros órgãos administrativos de caráter regulador, com objetivos centralizadores, desenvolvimentistas e nacionalistas. Não apenas o

---

[19] MICELI, Sergio, 1989, 1995. Dessa publicação vale destacar o estudo desenvolvido por Lucia Lippi de Oliveira, sobre a implantação e o desenvolvimento do campo da Sociologia no Rio de Janeiro, de 1930-1970 (OLIVEIRA, L. L., 1995, p.233-307).

ensino superior recebe grande impulso, mas também a vida política, econômica e cultural brasileira como um todo. Entre os anos de 1930 e 1945, o governo federal cria comissões, conselhos, departamentos, institutos, companhias, fundações, planos de desenvolvimento econômico e cultural; são promulgadas leis e decretos. Enfim, são geradas e postas em prática várias instituições e medidas de controle e desenvolvimento econômico e cultural de âmbito nacional. É nos anos 1930 que esse Estado promotor, organizador e mecenas reforma e implementa órgãos como o Ministério de Educação e Saúde (hoje transformado em Ministério da Educação e Ministério da Saúde), o Ministério do Trabalho, Indústria e Comércio (hoje transformado em Ministério da Previdência e Assistência Social e Ministério do Trabalho), a Universidade do Distrito Federal, a Universidade do Brasil (hoje Universidade Federal do Rio de Janeiro), o Instituto Nacional de Pedagogia (hoje Instituto Nacional de Estudos e Pesquisas Educacionais, incorporado ao atual Ministério da Educação), o Serviço do Patrimônio Histórico e Artístico Nacional (hoje Secretaria do Patrimônio Histórico e Artístico Nacional, incorporada ao Ministério da Cultura)[20], o Conselho Nacional de Estatística, o Conselho Nacional de Geografia e o Instituto Brasileiro de Geografia.

A institucionalização da Geografia brasileira tem, assim, suas origens nesse projeto modernizador do Governo federal da década de 30. Na realidade, o processo de institucionalização está diretamente associado ao desenvolvimento da profissionalização do geógrafo e da formação de seu campo científico-disciplinar. Para isso

---

[20] A criação do Ministério da Educação e Saúde Pública e do Ministério do Trabalho, Indústria e Comércio são exemplos ilustrativos dos objetivos de Vargas com relação à condução da modernização das instituições brasileiras. Getúlio Vargas assume o poder como presidente provisório em 3 de novembro de 1930, e em 14 de novembro de 1930, pelo Decreto 19.402, cria o Ministério da Educação e Saúde; em 26 de novembro de 1930, pelo Decreto 19.433, cria o Ministério do Trabalho, Indústria e Comércio (MINISTÉRIO DA JUSTIÇA, 1990).

era fundamental implementar novas instituições de ensino e pesquisa orientadas pelas então modernas concepções e práticas científicas. Essas instituições possibilitaram a construção, no Brasil, de uma Geografia não mais pautada no puro estilo retórico e literário, que dominou o ensino médio e superior no final do século XIX e início do século XX, mas na prática científica de laboratório e de investigação sustentada pelas evidências empíricas.

É importante frisar que a prática científica no Brasil até finais do século XIX havia sido caracterizada pela total falta de investigação, fenômeno que era reconhecido pelos próprios brasileiros. José Murilo de Carvalho, em *História Intelectual no Brasil: a retórica como chave de leitura*, descreve bem essa situação. Pelo valor esclarecedor deste trabalho, cabe aqui destacar uma de suas passagens.

> Um relatório de 1882, referente ao ensino nos liceus, aponta sua característica quase exclusivamente literária [da prática científica]. Seus alunos iam para a faculdade de onde sairiam doutores incapazes de ver a natureza, mas prontos para sustentar com todas as pompas da retórica 'as hipóteses mais inverificáveis sobre a existência do incognoscível'. Formava-se assim um povo de palradores e ideólogos.(...). Até mesmo os médicos e engenheiros supostamente treinados nos métodos e linguagem da ciência eram vítimas do mesmo fenômeno. Nas faculdades de medicina e de engenharia, o ensino era quase sempre feito em livros, inexistindo em quase todas a prática de laboratório e de investigação. (...). As correntes cientificistas que invadiram o país na segunda metade do século passado não produziram cientistas. O positivismo e evolucionismo, por exemplo, tiveram inúmeros seguidores, mas não afetaram a prática da ciência. Produziram engenheiros, médicos, militares, que sabiam filosofar sobre a ciência e o mundo, sem saber fazer ciência – e filosofavam no melhor estilo retórico, em que o brilho da frase, sua qualidade literária, a variedade dos tropos, eram mais importantes que sua veracidade..[21]

---

[21] CARVALHO, José Murilo, 2000, p.15.

O quadro brevemente delineado da situação pretérita da ciência e do ensino no país começa a tomar outro percurso já na década de 1920, assumindo realmente novos contornos com a modernização político-cultural dos anos de 1930. Assim, o período institucional da Geografia brasileira é delimitado não apenas pela implementação dos primeiros cursos universitários, no Rio de Janeiro e em São Paulo, mas também pela implementação de instituições que podiam viabilizar um projeto modernizador de ciência, como o Conselho Nacional de Geografia, do Instituto Brasileiro de Geografia e Estatística, a Associação dos Geógrafos Brasileiros, em São Paulo e no Rio de Janeiro.

Esse contorno institucional outorgou à Geografia brasileira possibilidades e condições concretas de seu desenvolvimento, permitindo a constituição da profissão do geógrafo e do professor de Geografia para o ensino médio e superior, algo novo no cenário do trabalho intelectual no Brasil. Até o final dos anos 30, os profissionais que lidavam com a Geografia ou eram engenheiros egressos da Escola Central, que em 1878 passa a denominar-se de Escola Politécnica, os engenheiros geógrafos, ou eram engenheiros militares envolvidos com levantamentos cartográficos das fronteiras brasileiras, formados pela Escola Militar e de Aplicação do Exército. Havia, ainda, os advogados, autodidatas, literatos e médicos que ensinavam Geografia e História nas escolas secundárias e superior. Assim, até o início do século XX, ainda não existia no Brasil uma comunidade científica estruturada e reconhecida, e o discurso geográfico aflorava de vários pontos. De modo que, antes da plena institucionalização da Geografia, era muito dificultada a identificação dos geógrafos.[22]

Embora a modernização das instituições tenha sido singular na década de 1930, não é demais lembrar que desde 1914, com a transferência do centro de decisões da política cafeeira de Londres para Nova York que, em termos mais gerais, significou a quase

---

[22] MORAES, 2002, p.41.

hegemonia política e econômica dos EUA e o início de uma nova fase da globalização, vem sendo registrado um aumento considerável dos órgãos públicos, resultado, principalmente, da reorientação da política internacional que começava a ser realizada por meio dos relacionamentos entre governos federais. Em conseqüência houve uma grande ampliação do serviço público federal. As pessoas cuja atividade principal era pública passaram de 186 mil, em 1920, para 483 mil, em 1940. Assim, já em 1920 havia uma classe bastante numerosa de servidores civis e militares ligada diretamente ao Governo federal e afetada pelas decisões políticas nacionais. No então Distrito Federal, sede do Governo, o número de funcionários públicos dobrou de 50 para 100 mil nesses 20 anos, o que indica a centralidade do Rio de Janeiro na vida política nacional.[23] A cidade aglutinou as modernas instituições federais e concentrou o poder decisório em nível nacional. A condição de capital da República, desde 1889, conferia à cidade o papel-chave que há muito desempenhava como espaço de atração de intelectuais vindos de diferentes partes do Brasil. Essa condição de capitalidade, inegavelmente, facilitou e potencializou as possibilidades de comunicação da cidade e de nacionalização de seus estilos e valores, propostos e reconhecidos como civilizadores.[24] Possibilitou igualmente uma forte influência do Governo federal e de todo um aparato burocrático, que imprimiram à cidade um contexto urbano cultural específico, principalmente se comparado ao contexto urbano paulistano, marcado à época não apenas pela expressão do mercado como também por uma poderosa burocracia estadual, cujos interesses difundidos atendiam às elites políticas regionais.[25]

---

[23] SOARES, Gláucio, 2001, p.23-24.
[24] Para o aprofundamento do conceito de capitalidade ver: Giulio Argan, *L'Europe des capitales*, Genebra, Albert Skira, 1964; Margarida de Souza Neves, Brasil, *Acertai vossos ponteiros*, Rio de Janeiro, Museu de Astronomia, 1991; Angela de Castro Gomes, *Essa Gente do Rio*: Modernismo e Nacionalismo, FGV, 1994.

Como centro da nação, o Rio de Janeiro, durante um longo período, construiu um padrão identitário nacional, e as várias instituições federais aqui implantadas parecem ter sufocado, de certa maneira, a elaboração e execução de projetos políticos territoriais para o Estado. Por estarem diretamente sob a coordenação do Governo federal, tanto as instituições quantos os intelectuais acabaram se dedicando mais aos planos e propostas de desenvolvimento e construção nacional do que à realidade espacial carioca e/ou fluminense. Esse vínculo com as questões nacionais vai sendo desatado a partir da inauguração de Brasília, em 1960. De fato, nos quatro primeiros anos da década de 1960 a situação do Governo federal ainda era muito indefinida, e Brasília só começa a se impor como capital nacional quando o Governo militar se transfere para lá. Portanto, o Rio de Janeiro prosseguiu, até finais dos anos 60, como centro político do país, e sua importância era tamanha que o próprio golpe militar de 1964 consistiu na ocupação do Rio de Janeiro, e não de Brasília, pelas tropas de Minas Gerais.[26]

Assim, até a década de 1970 a presença e a interferência do Governo federal na história do Rio de Janeiro foram marcantes. Essa singularidade estabeleceu um tal entrelaçamento entre política nacional e política local/regional, verdadeira simbiose, que tornou difícil a dissociação entre ambas. Nesse sentido, a modernização institucional dos anos 30, implementada pelo governo federal no Rio de Janeiro, imprimiu à cidade e ao estado um ritmo e uma tendência nacional, desviando a atenção dos políticos e da intelectualidade dos problemas e questões relativas ao próprio desenvolvimento fluminense e carioca.

---

[25] (GOMES, Angela C., 1994, p.18-31). Conforme André Roberto Martin, até mesmo na ciência e na cultura os paulistas parecem ter preferido limitar-se às suas próprias instituições estaduais, talvez porque, enquanto máquina governamental, o Estado de São Paulo historicamente tenha se colocado à altura do Governo federal (MARTIN, 1993, p.240).
[26] Depoimento de Pedro Pinchas Geiger, concedido em 31 de outubro de 2001.

As instituições federais aqui implantadas, além de terem incorporado a vida local à agenda nacional, possuíam recursos técnicos, humanos e financeiros que não eram revertidos, ou eram muito pouco, à realidade político-territorial do Rio de Janeiro. Algumas instituições, por estarem incumbidas da execução das principais políticas nacionais, possuíam maior capital técnico e social, portanto, maiores recursos financeiros, os quais acabaram estabelecendo relações de estreita dependência com outras instituições menos privilegiadas do ponto de vista do apoio governamental. E um caso que parece exemplar, no que tange à historiografia da Geografia brasileira, é a relação entre a Geografia universitária implantada no Rio de Janeiro e o Instituto Brasileiro de Geografia (IBGE), também sediado na cidade.

Aqui cabem ser observados dois pontos. O primeiro se refere à capacidade de incorporação, por parte do governo federal, de diversas instituições que surgem a partir de demandas das gestões locais, especificamente no caso do Rio de Janeiro. A incorporação da Universidade do Distrito Federal à Universidade do Brasil, dessa forma, é singular. Entretanto, é curioso notar que, apesar de Anísio Teixeira ter tido inicialmente o aval e o apoio de Getúlio Vargas, a UDF surge a partir da iniciativa local, da prefeitura do Distrito Federal, que, pela peculiaridade da cidade, era esfera do governo federal, mas com a intenção de irradiar um padrão cultural para todo o país. Sua reprodução será limitada por disputas entre grupos políticos pelo controle ideológico da universidade pública. Ao extingui-la e incorporá-la à Universidade do Brasil, e para o Brasil, o governo federal acaba fortalecendo uma instituição federal no Rio de Janeiro, com o encargo de estabelecer um modelo nacional de ensino superior.

O segundo ponto que merece observação refere-se às relações estabelecidas entre as instituições federais. Quando o Governo federal institui a Universidade do Brasil, cria igualmente o Conselho Nacional de Geografia (CNG) e o Instituto Brasileiro de Geografia e Estatística

(IBGE), dois órgãos de natureza geográfica com incumbência legal de coordenação e execução das políticas públicas do Estado brasileiro, órgãos que detinham significativos recursos técnicos e financeiros. A relação de dependência entre a Geografia da Universidade do Brasil e a Geografia do IBGE parece ter aí suas raízes.

Frente à dimensão da universidade e ao papel que desempenhava no contexto político-cultural brasileiro dos anos 30, pode-se dizer que, à época, ela representava um genuíno lugar de sociabilidade[27], de aprendizado e de importantes trocas intelectuais. Não é demais supor que a Geografia universitária desenvolvida no Rio de Janeiro, a partir da implantação da Universidade do Distrito Federal, em 1935, incorporada pela Universidade do Brasil, em 1939, e denominada Universidade Federal do Rio de Janeiro, em 1965, estivesse fortemente associada a um conjunto de idéias e valores nacionais, imputados pelo governo federal, que objetivava então a construção de um Brasil moderno, uno e integrado. Essa associação pode ser percebida desde a implantação do curso de Geografia na UDF, viabilizado com a organização da Faculdade Nacional de Filosofia da Universidade do Brasil em 1939, onde o curso de Geografia da UDF passaria a ficar alocado, com a criação do Conselho Nacional de Geografia, em 1937, e do Instituto Brasileiro de Geografia e Estatística, em 1938. Historicamente houve uma relação de estreita dependência entre a Geografia da Universidade no Rio de Janeiro e os interesses nacionais do governo federal, veiculados principalmente pelo IBGE.

---

[27] A noção de lugar de sociabilidade foi tomada de empréstimo de Angela de Castro Gomes, 1994, p.20. Trata-se de lugares onde os intelectuais se organizam para construir e divulgar suas propostas. Indica uma dupla dimensão: de um lado aquela contida na idéia de rede que remete às estruturas organizacionais tendo como ponto nodal o fato de se constituírem em lugares de aprendizado e de trocas intelectuais, indicando a dinâmica do movimento de fermentação e circulação de idéias; de outro lado aquela contida na idéia de microlugares produzidos nessas redes de sociabilidade, como as relações pessoais e profissionais de seus participantes. São, assim, geográficos e afetivos, neles se podendo e se devendo captar não só vínculos de amizade/cumplicidade e de competição/hostilidade, como igualmente as marcas deixadas pelos eventos, personalidades e grupos políticos dominantes nos lugares.

Na realidade a forte associação entre a Universidade e o IBGE, vínculo que cunhou uma Geografia para o Brasil inteiro centrada culturalmente no Rio de Janeiro, promoveu um modelo de Geografia brasileira como uma Geografia carioca, no sentido da regionalidade. De fato, tratava-se de uma Geografia brasileira originada no Rio de Janeiro. Embora a Geografia brasileira tenha sido implementada efetivamente pelo IBGE, o longo período de simbiose entre as questões nacionais e cariocas, aproximadamente até finais dos anos 60, quando se concretiza a construção da capitalidade de Brasília, carregou consigo também a universidade, identificando-a igualmente como matriz de uma Geografia nacional.

Apesar desse papel central e aglutinador assumido ao longo do tempo pelo curso de Geografia da atual Universidade Federal do Rio de Janeiro, na década de 1940 surgem dois outros cursos universitários de Geografia no Rio de Janeiro, originários de iniciativas privadas, mais tarde incorporados à universidade pública, e que merecem menção. O primeiro foi o embrião do curso de Geografia da atual Universidade do Estado do Rio de Janeiro, o segundo o da atual Universidade Federal Fluminense. Ambas as instituições tiveram suas origens vinculadas às antigas faculdades de Filosofia particulares e parecem ter veiculado projetos políticos regionalistas, portanto diversos do projeto nacional inicialmente elaborado para a Universidade do Brasil, atual UFRJ.

A Universidade do Estado do Rio de Janeiro tem uma longa história, que remonta aos anos de 1939-1940, com a implantação da Faculdade de Filosofia do Instituto La-Fayette, um projeto elaborado pelo professor La-Fayette Cortes em conjunto com os professores do Colégio Pedro II. O curso de Geografia e História compõe desde o início essa Faculdade, talvez a primeira faculdade de Filosofia particular da capital da república. Em 1950, ela é incorporada à recém-criada (segunda) Universidade do Distrito Federal. Entre 1958-1960 essa Universidade recebe a denominação de Universidade do Rio de Janeiro. Em 1960, passa a ser chamada de Universidade do Estado da Guanabara, e, em 1975, após a fusão do Estado do Rio de Janeiro com o Estado da Guanabara, ganha sua última denominação: Universidade do Estado do Rio de Janeiro.[28]

A UFF, localizada no município de Niterói, tem sua origem na Faculdade Fluminense de Filosofia, implementada em 1947, em Niterói, por meio de um convênio firmado entre a Sociedade Cooperativa Mantenedora e a Secretaria de Educação do Estado do Rio de Janeiro. Em 1957-1958 é agregada à recém-instituída Universidade Federal do Estado do Rio de Janeiro, que em 1966 passa a denominar-se Universidade Federal Fluminense. O curso de Geografia foi implantado juntamente com o de História e esteve presente desde os primórdios da Instituição.[29]

Já a UFRJ surge historicamente como produto de um grande projeto nacional, conforme indicado anteriormente, e tem sua origem vinculada a uma instituição pública de forte expressão nos anos 30, a Universidade do Distrito Federal, projetada por Anísio Teixeira, em 1935. Com uma formação de certa maneira mais sólida, essa Universidade se diferencia em vários aspectos das outras duas. Sua participação na vida política e científica do estado e, principalmente, da nação deram ao Curso de Geografia aí implementado uma posição nuclear e singular. A composição do campo científico-disciplinar da Geografia brasileira deve-se essencialmente ao Curso de Geografia dessa instituição. Assim, mediante a importância histórica da Universidade Federal do Rio de Janeiro e do Curso de Geografia aí implementado, este livro busca apresentar e explorar com mais ênfase a Geografia dessa instituição.

A reconstituição historiográfica dos cursos de Geografia no Rio de Janeiro nessas três instituições públicas de ensino superior

---

[28] GOMES FILHO, F.A., 1994; MANCEBO, Deise, 1996; MACHADO, M., 1999b.
[29] UNIVERSIDADE FEDERAL FLUMINENSE - SETOR DE ARQUIVO PERMANENTE DO ARQUIVO CENTRAL: Faculdade Fluminense de Filosofia; Universidade Federal do Estado do Rio de Janeiro, 1947-1958.

(UFRJ, UERJ e UFF) foi realizada a partir de um exaustivo levantamento documental nos arquivos das universidades. Procurou-se, a partir desse levantamento, conhecer não apenas a história institucional dos cursos, como também os principais intelectuais e geógrafos envolvidos no seu processo de implantação e de expansão. Geógrafos pouco lembrados pela Geografia brasileira aparecem como sujeitos fundamentais no estabelecimento dos cursos universitários no Rio de Janeiro. Nomes como Honório de Souza Silvestre (UERJ), Fernando Antônio Raja Gabaglia (UFRJ/UERJ/IBGE/Pedro II), Hugo Segadas Vianna (UERJ), Ayrton Bittencourt Lobo (UERJ), Victor Ribeiro Leuzinger (UFRJ), Hilgard Sternberg (UFRJ), Everardo Backheuser (Pedro II/UFF/consultor CNG/deputado estadual), José Veríssimo da Costa Pereira (UFF/IBGE/Pedro II) e Antônio Teixeira Guerra (UFF/IBGE) compuseram a lista dos primeiros catedráticos. Outros geógrafos mais reconhecidos, como Carlos Delgado de Carvalho (UFRJ) e Josué de Castro (UFRJ), também aparecem fortalecendo essa lista.[30]

Esse levantamento apresentou informações de estrema relevância para o delineamento da Geografia universitária do Rio de Janeiro. Contudo, frente à extensão da documentação levantada e à importância do curso de Geografia da UFRJ na consolidação da Geografia universitária carioca, este livro se limita à apresentação e análise do curso de Geografia dessa instituição, que conforme será demonstrado a seguir, se consolida e se desenvolve a partir de fortes incentivos do governo federal.

Claramente incorporado ao projeto político nacional Estatal, o curso de Geografia da UFRJ usufruiu diversos momentos de prestígio político, o que acabou promovendo sua consolidação como um importante núcleo difusor do campo científico da Geografia brasileira.

---

[30] GOMES FILHO (1994); MACHADO, M.(1999b); PIMENTA, M. (1985); GEIGER, P. (1988); PENHA, E. (1993); LOBO, F.B.(1980); FÁVERO, M. (1989), Boletins/Relatórios UERJ, 1954-1996; Documentos Arquivo Permanente do Arquivo Central da UFF.

Buscando localizar suas raízes e escrever sua história, realizar-se-á um verdadeiro passeio arqueológico, que remonta ao universo "científico" carioca do século XIX.

CAPÍTULO 1

CONSIDERAÇÕES SOBRE A UNIVERSIDADE BRASILEIRA E SUA ESPECIFICIDADE NO RIO DE JANEIRO

Considerações sobre a universidade brasileira e sua especificidade no Rio de Janeiro

Por ser a Geografia universitária desenvolvida no Rio de Janeiro o objeto de investigação deste trabalho, o entendimento da estrutura universitária brasileira, especialmente daquela implantada no Rio de Janeiro, faz-se imprescindível. Buscando focalizar a especificidade do Rio de Janeiro, primeiramente serão traçadas algumas considerações sobre a história das instituições de ensino superior no país. A intenção é apenas montar um quadro de referências sobre o desdobramento e as tendências da universidade no Brasil, para melhor situar a Geografia nesse contexto. Em seguida, procurar-se-á delinear a historiografia da Geografia na Universidade do Distrito Federal e na Universidade do Brasil, atual Universidade Federal do Rio de Janeiro.

A construção da estrutura universitária brasileira é relativamente recente. Apesar de a criação da universidade datar do início do século XX, é possível afirmar que já existiam cursos superiores no Brasil desde o período colonial, na medida em que esses cursos se voltavam para um saber dominante superior, envolvendo práticas letradas mais complexas e o estudo da filosofia. Tratava-se de cursos de Artes e Teologia, implantados primeiramente nos colégios jesuítas da Bahia, Rio de Janeiro, São Paulo, Olinda, Recife, Maranhão, Pará e, posteriormente, nos conventos dos frades franciscanos do Rio de Janeiro e de Olinda.[1]

---

[1] (CUNHA, 1980, p.19-61). Para o aprofundamento da história da instrução pública no Brasil e suas diversas iniciativas e instituições, no período de 1500 a 1889, sugere-se a obra de ALMEIDA, José Ricardo Pires de, 1989. Nesse trabalho pode ser encontrado um minucioso quadro sobre o ensino brasileiro, da instrução primária à superior, do Brasil Colônia ao Brasil República.

A partir de 1808, com a transferência da sede do poder metropolitano para o Brasil e a emergência do Estado Nacional, registra-se o início de um novo ensino superior. Na época do Brasil Império, são criados os cursos de Anatomia e Cirurgia nos hospitais militares, em 1808; e de Engenharia na Academia Militar, em 1810. Outros cursos, como Agronomia, Química, Desenho Técnico, Economia Política, Arquitetura e Direito, também surgem no início do século XIX. Todos eram destinados a formar burocratas e especialistas para o Estado. Assim, pautada na estrutura do ensino superior montada nesse período, surgem as primeiras faculdades. Em 1832 aparecem as Faculdades de Medicina da Bahia e do Rio de Janeiro; em 1874, a Escola Politécnica no Rio de Janeiro, destinada ao ensino de Engenharia Civil e às suas especialidades, onde se formavam os então denominados engenheiros geógrafos; em 1854 surgem as Faculdades de Direito de Recife e São Paulo. Mesmo existindo registros de sucessivas tentativas de reunir as faculdades em uma universidade, o ensino superior brasileiro, que fora recriado a partir de 1808, constituiu-se com base em estabelecimentos isolados, dificultando em muito a criação da instituição universidade.[2]

É interessante observar, principalmente no caso do Rio de Janeiro, que essas faculdades implantadas no período do Brasil Império, embora isoladas, foram extremamente importantes para a organização da mais antiga universidade mantida pelo governo federal, a Universidade do Rio de Janeiro. Criada em 1920[3], ela passou a se chamar, em 1937, Universidade do Brasil, e, em 1965,

---

[2] CUNHA, 1980, p. 62-131. Para uma leitura crítica sobre as profissões no Brasil Império ver a obra de Edmundo Campos Coelho, 1999, *As Profissões Imperiais*: Medicina, Engenharia e Advocacia no Rio de Janeiro, 1822-1930.

[3] (BITTENCOURT, RAUL, 1955, p.13). Em 1920 o Governo Epitácio Pessoa decretou a reunião em Universidade do Rio de Janeiro a Escola Politécnica do Rio de Janeiro, a Faculdade de Medicina do RJ e as duas Faculdades Livres de Direito do RJ. Estas duas Faculdades Livres de Direito e de Ciências Jurídicas e Sociais já haviam sido anteriormente fundidas em uma só Faculdade (BITTENCOURT, 1955, p.16).

Universidade Federal do Rio de Janeiro. As numerosas e importantes instituições culturais implantadas por D. João VI nessa cidade, de fato, permitiram progressivamente o desenvolvimento de atividades didáticas que impulsionaram e formaram a Universidade do Rio de Janeiro. Das atividades promovidas na Corte por D. João VI pode ser destacada a implantação, em 1809, das cadeiras de Medicina Operatória e Arte Obstetrícia e de Medicina Clínica Teórica e Prática. A partir da instituição dessas cadeiras se desenvolveu, em 1832, a Faculdade de Medicina do Rio de Janeiro, que foi incorporada à Universidade do Rio de Janeiro em 1920. Da mesma forma, a Academia Real Militar, fundada em 1810, deu origem à Escola Politécnica, incorporada, também em 1920, à Universidade do Rio de Janeiro, sendo posteriormente denominada, já à época da Universidade do Brasil, de Escola Nacional de Engenharia.[4]

Ainda que as primeiras faculdades tenham surgido com a transferência da Corte Portuguesa, em 1808, e que a idéia de criação de uma universidade tenha começado a tomar corpo a partir da Independência,[5] o aparecimento das primeiras universidades brasileiras ocorrerá somente com a República, no século XX, entre

---

[4] De certa forma, as instituições implantadas no Brasil Império irão se desdobrar e compor em tempos e histórias diferentes a Universidade do Brasil. A Missão Artística Francesa, em 1816, com Lebreton Debret, Grandjean de Montigny e os irmãos Taunay, entre outros, organiza a Escola Real de Ciências, Artes e Ofícios. Embora não tenha chegado a funcionar, essa Escola reaparece, em 1820, com o nome de Real Academia de Desenho, Pintura, Escultura e Arquitetura Civil e inicia seus cursos, em 1824, como Academia Imperial de Belas Artes. O Museu Real, já criado em 1818, depois da Independência passa a chamar-se Museu Nacional, sendo incorporado à Universidade do Brasil em 1937. O Conservatório de Música do Rio de Janeiro, implantado em 1841, por Francisco Manuel da Silva, autor do Hino Nacional, torna-se, entre os anos 1853-1856, uma instituição oficial incorporada à Academia de Belas-Artes. Em 1890 o conservatório conquista autonomia e torna-se Instituto Nacional de Música. Em 1937 o Instituto muda a denominação para Escola Nacional de Música e passa a compor a recém-criada Universidade do Brasil (BITTENCOURT, 1955, p.13-18). Para o aprofundamento da história da Escola Nacional de Música, sugere-se o trabalho de Andrely Quintella De Paola e Helenita Bueno Gonsalez, 1998.

[5] Em 1823, na Assembléia Constituinte do Império, grandes foram os debates sobre a criação de universidades. Desde o século XVI parece ter havido vinte e nove tentativas frustradas de organização de universidades, mas a metrópole lusitana não amparou nenhuma

os anos de 1909 e 1928. Nesse período emergem iniciativas isoladas em diversos estados, como no Amazonas, em 1909, em São Paulo, em 1911, no Paraná, em 1912, no Rio de Janeiro, em 1920, em Minas Gerais, em 1927, e no Rio Grande do Sul, em 1928. As primeiras universidades nos estados do Amazonas, São Paulo e Paraná se dissolveram, não deixando nenhuma herança para aquelas que emergiram posteriormente. Nos estados do Rio de Janeiro, Minas Gerais e Rio Grande do Sul as universidades, ainda que constituídas a partir da simples técnica de aglomeração de escolas e faculdades, não contando com nenhum projeto de desenvolvimento de atividades de pesquisa ou qualquer investigação científica e pedagógica, conseguiram ser sucedidas posteriormente, doando suas instalações e infra-estruturas às efetivas universidades criadas na década de 1930. Conforme exposto, esse foi o caso da Universidade do Rio de Janeiro, que se transforma, em 1937 em Universidade do Brasil[6].

No período entre 1931 e 1935 ocorrem mudanças significativas no ensino superior. Em 1931 foi elaborado, por Francisco Campos, primeiro Ministro da Educação e Saúde Pública[7] do Governo Vargas[8]

---

iniciativa, conservando para a Universidade de Coimbra o privilégio dos títulos doutorais, posição bastante diversa da Coroa Espanhola. O Império do Brasil só possibilitou a criação de faculdades dissociadas e com o objetivo único de formar profissionais. Foram inconseqüentes as discussões travadas na Constituinte Imperial acerca da fundação da universidade, assim como os numerosos projetos de lei no Parlamento. O ensino superior na Corte, na Bahia, em Recife e em São Paulo continuou se desenvolvendo em termos de estabelecimentos isolados para preparação profissional (BITTENCOURT, 1955, p.14).
Sobre a idéia de criação de uma universidade brasileira, ver também ALMEIDA, José Ricardo Pires de, 1989 p. 121-128 e PAIM, 1981, p. 19-35).

[6] (CUNHA, 1980, p.177-201). Apesar de a lei 452, votada pelo parlamento em fins do primeiro semestre de 1937, ter dado nova denominação à Universidade do Rio de Janeiro, passando-a para Universidade do Brasil, seu verdadeiro processo de consolidação só ocorrerá em meados de 1939, quando o governo federal absorve a Universidade do Distrito Federal e institui de fato a Faculdade Nacional de Filosofia da Universidade do Brasil (PAIM, 1981, p.73-74).

[7] O Ministério da Educação foi criado pelo decreto 19.402, de 14 de novembro de 1930, com o nome de Ministério da Educação e Saúde Pública. Até então as áreas de educação e saúde eram da jurisdição do Ministério da Justiça e Negócios Interiores. A lei 378, de 13 de janeiro de 1937, dispôs sobre a organização administrativa e alterou sua denominação para

(1930-1932), o Estatuto das Universidades Brasileiras, que estabeleceu padrões de organização para as instituições de ensino superior em todo o país, universitárias e não universitárias[9]. Nesses quatro anos já existiam cinco universidades: a do Rio de Janeiro, a de Minas Gerais, a do Rio Grande do Sul, a de São Paulo e a do Distrito Federal. Mesmo com histórias distintas, cada uma dessas instituições, de certa maneira, estavam submetidas ao controle e fiscalização do Governo federal. Tanto a Universidade de São Paulo, criada em 1934 pelo governo do Estado de São Paulo[10], sob comando

---

Ministério da Educação e Saúde. Em 25 de julho de 1953, com a criação do Ministério da Saúde determinada pela Lei 1920, teve origem o Ministério da Educação e Cultura. Em 1985 o MEC foi desmembrado em Ministério da Educação e Ministério da Cultura. (Ministério da Justiça - Arquivo Nacional, Cadastro Nacional de Arquivos Federais - Arquivo Nacional. Presidência da República, Brasília p.349)

[8] Getúlio Vargas governou o Brasil por duas vezes, de 1930 a 1945 e de 1951 a 1954, ano de sua morte. Presidente do Brasil de maior influência na história nacional, Vargas foi chefe do governo provisório (1930-1934), presidente da República eleito pela Constituinte (1934-1937), ditador do Estado Novo (1937-1945), presidente da República eleito com o apoio das massas (1951-1954). Sobre o governo Getúlio Vargas há uma extensa literatura que apresenta diferentes contribuições e análises, como IANNI (1979), FAUSTO (1970), FONSECA (1989), SCHWARTZMAN (1983), D'ARAÚJO (1999), GOMES (2000), PANDOLFI (1999), SCHWARTZMAN, BOMENY & COSTA (2000).

[9] (CUNHA, 2000, p. 165 e SCHWARTZMAN, 1983, p. 367-371). O estatuto das universidades brasileiras traçado no decreto 19.851, de 11 de abril de 1931, foi adotado como regra de organização do ensino superior da República e exigiu, para a fundação de qualquer universidade no país, a incorporação de pelo menos três institutos de ensino superior, incluindo-se o de Direito, o de Medicina e o de Engenharia ou, ao invés de um deles, a Faculdade de Educação, Ciências e Letras. Esta última é destacada por Francisco Campos como essencial à nova organização da Universidade do Rio de Janeiro, pela alta função que exerce na vida cultural, permitindo que a vida universitária transcenda os limites do interesse puramente profissional. Não se instalou a Faculdade de Ciências, Letras e Educação como espinha dorsal da Universidade do Rio de Janeiro, esta ficou limitada ao ensino de Direito, Medicina e Engenharia. (AZEVEDO, 1996, p.656)

[10] A Universidade de São Paulo foi criada pelo decreto estadual 6.283, de 25 de janeiro de 1934, por Armando de Salles Oliveira, interventor federal em São Paulo, dentro das possibilidades e dos limites colocados pelo decreto de 1931. Se a verdadeira organização universitária foi instituída pelo decreto 19.851, de 11/04/1931, do chefe do Governo provisório, dr. Getúlio Vargas, referendado por Francisco Campos, Ministro da Educação, a primeira universidade que teve o Brasil, criada com um novo espírito e uma organização nova, e já sob o regime estabelecido por esse decreto, foi a de São Paulo. A originalidade da criação da USP foi a incorporação, no organismo universitário, de uma Faculdade de

de Armando de Salles Oliveira, quanto a Universidade do Distrito Federal, fundada em 1935 pela prefeitura, por iniciativa de Anísio Teixeira, na gestão de Pedro Ernesto, representaram políticas educacionais liberais, novas no país, diversas da política do então Governo federal. Ambas as instituições sofreram, em graus e momentos diferenciados, gerenciamentos do poder central, principalmente a partir de 1937.

O curso universitário de Geografia surge nessas duas instituições. Os cursos da Universidade do Distrito Federal (UDF) são transferidos em 1939, ano de sua extinção, para a Universidade do Brasil e formam a antiga Faculdade Nacional de Filosofia dessa Universidade. Houve, então, na historiografia da Geografia universitária do Rio de Janeiro, dois estabelecimentos de ensino superior, com propostas distintas, que sediaram cursos de Geografia: a Universidade do Distrito Federal e a Universidade do Brasil. São, com efeito, dois troncos político-culturais diversos, dos quais se desdobraram duas propostas de Geografia também diferenciadas, ainda que se considere a herança deixada pelo curso de Geografia da UDF para a Universidade do Brasil.

Para melhor conhecer a realidade da Geografia universitária no Rio de Janeiro e analisar suas características, faz-se imprescindível, em primeiro lugar, acompanhar a história de uma instituição de vida efêmera, mas ativa e marcante na cultura brasileira – a Universidade do Distrito Federal.

Filosofia, Ciências e Letras, que passou a constituir a medula do sistema, como também a preocupação dominante da pesquisa científica e dos estudos desinteressados, dentro, aliás, do espírito da lei federal que regulou as universidades brasileiras. Assim, o Governo provisório da República instituiu em 1931 o regime universitário, mas foi São Paulo que tomou, em 1934, a iniciativa de executá-lo em sua plenitude (CARDOSO, 1982, p.96-97)

CAPÍTILO 2

A GEOGRAFIA NA UNIVERSIDADE DO DISTRITO FEDERAL

A GEOGRAFIA NA UNIVERSIDADE DO DISTRITO FEDERAL

A Universidade do Distrito Federal (UDF) foi instituída na capital da República pelo Decreto Municipal 5.513, em 4 de abril de 1935.[1] Mantida pela prefeitura, a UDF surge como parte de um programa integrado de instrução pública para o Distrito Federal, liderado por Anísio Teixeira entre 1931-1935.[2] A proposta central deste educador era organizar uma rede municipal de educação que se estendesse desde a escola primária até a universidade. Teixeira buscava a implantação de um verdadeiro sistema educacional integrado e completo desde o pré-escolar, passando pelo curso primário, pela educação secundária e culminando com a cúpula do ensino superior, representada pela UDF. Anísio Teixeira amplia e consolida a modernização escolar iniciada nas administrações de Carneiro Leão 1922-1926 e Fernando de Azevedo 1927-1931.[3]

O projeto educacional de Anísio Teixeira sustentava-se no modelo norte-americano desenvolvido no final da década da 1920, na Universidade de Columbia, pelo filósofo Jonh Dewey, o movimento Escola Nova. Em função da quase inexistência de um sistema organizado de educação pública no Brasil, um amplo debate nacional em prol da educação vinha se firmando desde o início da

---

[1] Sobre a historiografia da Universidade do Distrito Federal, sugere-se a leitura dos trabalhos de BITTENCOURT, 1955; CUNHA, 1980; FÁVERO, 1989a e 1994; PAIM, 1981; e SCHWARTZMAN, Simon et allii, 2000, p.221-230.

[2] Anísio Teixeira (Caetité, 1900 – Rio, 1971) foi diretor de Instrução Pública do Distrito Federal entre 1931 e 1934, quando o cargo se transforma em Secretaria de Educação e Cultura, e aí permaneceu até dezembro de 1935 (SCHWARTZMAN, Simon ET allii, 2000, p.71).

[3] FÁVERO, 1994, p.4.

Primeira República, tomando expressão em 1920[4]. Nesse momento, as eventuais diferenças de orientação nos rumos da educação brasileira não tinham relevância, o que importava era a expansão da cultura e da educação por todo o país. O acirramento das disputas no controle do campo educacional ainda estava por se concretizar e se transformar em confrontos políticos.

Com a fundação da Associação Brasileira de Educação (ABE), em 1924, pela primeira vez no Brasil se institucionaliza, de forma ampla, a discussão dos problemas da escolarização em âmbito nacional. Em torno da ABE se reuniam educadores, políticos, intelectuais e jornalistas, que organizavam conferências, publicações de revistas, diversos cursos e debatiam sobre o modelo educacional a ser adotado.[5] Logo, porém, em 1931, as diferenças de opinião começam a se cristalizar no seio do Estado e da ABE, e as disputas pelo controle da educação se efetivam na polarização entre o movimento da Escola Nova e a Igreja Católica, ou seja, entre os reformadores liberais e os pensadores católicos.[6] Em 1932 é publicado o anteprojeto para a política educacional, conhecido como o *Manifesto dos Pioneiros da Educação Nova*, elaborado por Fernando de Azevedo, com participação, dentre outros, de Anísio Teixeira e

---

[4] Na realidade a necessidade de organização da educação pública brasileira já vinha sendo anunciada desde o Império. A "geração de 1870", também conhecida como "geração ilustrada", pelo seu esforço em iluminar o país através da ciência e da cultura, introduz um pensamento moderno para a construção da nação brasileira, que adquire expressão nos debates intelectuais a partir de 1920. Esse pensamento se sustentava no poder das idéias. A confiança total na ciência e a certeza da importância da educação intelectual constituíam caminhos legítimos para melhorar os homens e atualizar o país, superando o atraso cultural e acelerando sua marcha evolutiva (OLIVEIRA, Lúcia 1990, p.80). José Veríssimo Dias de Matos, um dos mais importantes críticos literários do final do século XIX e um dos representantes dessa geração, em seu livro *A Educação Nacional*, 1890, considerava que a transformação absoluta do Brasil em um país moderno só se efetivaria a partir da educação do povo; a educação seria o único meio infalível, certo e seguro (MACHADO, 2001).

[5] (CUNHA 1980, p.196). De iniciativa de Heitor Lira, falecido em 1924, a ABE teve sua primeira diretoria constituída por Levi Carneiro, Cândido de Melo Leitão, Delgado de Carvalho, Heitor Lira, Mário Brito e Branca de Almeida Fialho (PAIM, 1981, p. 36).

[6] SCHWARTZMAN, Simon et allii, 2000, p.70.

Lourenço Filho. Em 1934, no VI Congresso Nacional organizado pela ABE, se consolida a identificação dessa Associação com o movimento da Escola Nova.[7]

O movimento da Escola Nova estruturou-se ao redor de alguns nomes importantes da intelectualidade brasileira, como Anísio Teixeira, Fernando de Azevedo, Manuel Lourenço Filho e até mesmo Francisco Campos. Nem todos pensavam da mesma maneira, nem tiveram o mesmo destino, mas todos defendiam a não subvenção do Estado às escolas religiosas e a implantação da escola pública, universal, gratuita e leiga. Advogavam a favor da expansão da educação a partir do setor público, com o objetivo de formar o cidadão livre e consciente, capaz de se incorporar ao grande Estado Nacional, em que o Brasil estava se formando.[8] O ensino religioso ficaria a cargo apenas das entidades privadas, mantidas pelas diferentes confissões. Os educadores liberais estavam em franca oposição às proposições dos pensadores católicos, que defendiam os interesses da escola privada e o ensino religioso nos setores público e privado.

Em função da forte pressão exercida pela Igreja Católica, desde o começo dos anos 30, Francisco Campos, na época à frente do Ministério da Educação e Saúde Pública, acaba estabelecendo laços estreitos, em nível nacional, entre a Igreja e o Estado. Em 1931, sob grande pressão de Alceu Amoroso Lima, importante representante dos pensadores católicos, o ensino religioso passa a ser permitido nas escolas públicas. Para a Igreja essa foi a primeira comprovação de que o governo provisório, e mais precisamente Francisco Campos, se manteria fiel aos compromissos assumidos. A presença dos líderes do movimento da Escola Nova na direção da Instrução Pública no Rio de Janeiro (Anísio Teixeira) e em São Paulo (Fernando de

---

[7] PAIM, 1981, p.120.
[8] SCHWARTZMAN, Simon et allii, 2000, p.70

Azevedo), quando Francisco Campos já deixara o ministério, parece ameaçar este projeto. Alceu Amoroso Lima levantava-se contra o *Manifesto dos Pioneiros*, que sugere a concentração do ensino nas mãos do Estado.

Os ataques não são interrompidos durante a revolução constitucional de 1932, principalmente os que se voltam contra a atuação de Anísio Teixeira como diretor da Instrução Pública do Distrito Federal. A ofensiva ao movimento da Escola Nova acaba assumindo um tom cada vez mais pessoal e violento. Fernando de Azevedo é duramente criticado por se opor à instrução religiosa nas escolas primárias. Anísio Teixeira era considerado um jovem desnorteado pelos ensinamentos recebidos em Columbia. Em 1934 são aprovadas emendas religiosas que marcam, segundo Alceu Amoroso Lima, a história do catolicismo brasileiro. Os católicos são chamados a continuar a luta pelo ensino religioso e pelo estabelecimento do ensino confessional. Nesse mesmo ano Gustavo Capanema é nomeado Ministro da Educação e Saúde Pública, aproximando ainda mais os vínculos entre Igreja e Estado.[9] Aos poucos, Anísio Teixeira e, em menor grau, Fernando de Azevedo atraíram a ira da Igreja Católica, que impediria a realização do projeto nacional de educação que ambos defendiam.

De fato, os anos de 1931 e 1935 foram bastante tensos com relação às disputas de orientações nos caminhos do ensino nacional. De um lado os renovadores liberais e de outro os pensadores católicos, que receberiam total apoio do Estado a partir de 1935, principalmente com a consolidação do Estado Novo, em 1937. Foi justamente nos cinco primeiros anos dessa década que Anísio Teixeira tentou levar à frente seu projeto educacional através da Diretoria da Instrução Pública do Distrito Federal. Em meio a esse turbilhão de disputas, Anísio Teixeira consegue implantar, em abril de 1935, a Universidade

---

[9] SCHWARTZMAN, Simon et allii, 2000, p.71-79.

do Distrito Federal, embora tenha permanecido muito pouco tempo no cargo de secretário da Educação e Cultura; em dezembro do mesmo ano ele foi exonerado e substituído pelo ex-Ministro da Educação, Francisco Campos.[10]

a) Universidade do Distrito Federal: objetivos e composição do projeto da Escola Nova

A Universidade do Distrito Federal foi sendo concebida e implantada a partir da ótica dos educadores da Escola Nova. Sua organização espelha, num primeiro momento, a orientação pedagógica voltada para a vocação de ensino liberal. Dedicada à cultura e à liberdade, a UDF nasce fiel às grandes tradições liberais e atrai para si os melhores talentos. Sua instalação é aclamada por segmentos da intelectualidade brasileira que consideravam ter surgido na capital uma instituição universitária mais vigorosa. Daí o apoio recebido por Afrânio Peixoto, Carneiro Leão, Roberto Marinho de Azevedo, Gustavo Lessa, Mário de Brito, Raul de A. Ribeiro e Junqueira Ayres.[11]

Inaugurada com a preocupação de acabar com as distorções presentes na atividade cultural do Brasil, principalmente o isolamento acadêmico e intelectual, a UDF buscava se estabelecer como um núcleo de formação do quadro intelectual do país, até aquele momento formado ao sabor do abandono e de precário autodidatismo[12]. Além disso, Anísio Teixeira enfatiza, no discurso

---

[10] Pedro Ernesto, então prefeito do Distrito Federal, se vê obrigado a afastar Anísio Teixeira, que o havia mantido por quatro anos naquele cargo, mesmo com todas as pressões sofridas. Os católicos consideravam Anísio Teixeira um comunista e, como ele era visto como conselheiro político do prefeito, Pedro Ernesto não teve escolha. Contudo, logo a seguir Pedro Ernesto é afastado da prefeitura (FÁVERO, 1994, p.8-9).
[11] FÁVERO, 1989a, p.23.
[12] (FÁVERO, 1989a, p.26). No decreto de fundação da UDF estava previsto o alcance de

de inauguração da UDF em 1935, o papel da universidade como fonte de formação da identidade de um povo e do seu caráter nacional, centro importante de debate e difusão da cultura nacional. O fator geográfico favorecia a execução dessa grande missão. Sediada na cidade do Rio de Janeiro, a UDF desfrutava do seu contexto político-cultural; afinal a capital da República era, indiscutivelmente, um dos maiores pólos nacionais de irradiação cultural.

A criação da UDF esteve, assim, associada às profundas mudanças de sentido modernizador no sistema educacional no país. Os cursos que nela foram implementados não resultaram de processos de progressiva especialização disciplinar internos à instituição acadêmica, mas sim externos. A organização do ensino superior, principalmente o de ciências sociais, representou um verdadeiro avanço da sociedade brasileira, que buscava instrumentos para a modernização social e institucional do país. Essa modernização deveria ser conduzida por ações políticas e científicas de uma elite dirigente informada, e o ingrediente principal dessas novas elites, habilitadas a assumir a tarefa de construção política de uma nação moderna, deveria emergir das novas ciências sociais, da qual a Geografia era parte constituinte.[13]

Com essas finalidades, a UDF foi composta por cinco Escolas, além de instituições complementares que tinham como objetivo a construção de um centro de investigação e de divulgação da cultura nacional em campos específicos, a saber: a) o Instituto de Educação; b) a Escola de Ciências; c) a Escola de Economia e Direito; d) a Escola de Filosofia e Letras; e) o Instituto de Artes; f) as instituições

---

cinco objetivos centrais: a) promover e estimular a cultura de modo a concorrer para o aperfeiçoamento da comunidade brasileira; b) encorajar a pesquisa cientifica, literária e artística; c) propagar as aquisições da ciência e das artes, pelo ensino regular de suas escolas e pelos cursos de extensão popular; d) formar profissionais e técnicos nos vários ramos de atividade que as suas escolas e institutos comportarem; e) prover a formação do magistério em todos os graus. (PROEDES/UFRJ - UDF - Documento n. 186, pasta 17 - Boletim da Universidade do Distrito Federal, 1935).

[13] ALMEIDA, Maria .H.T, 1989, p.188-189.

complementares para experimentação pedagógica e prática de ensino, pesquisa e difusão cultural.[14] Não possuindo nem incorporando nenhuma das faculdades tradicionais já existentes, a UDF foi uma instituição singular no país, só comparável, embora com maior amplitude, à Faculdade de Filosofia, Ciências e Letras criada um ano antes, em São Paulo. Suas Escolas buscavam o ensino de ciências desinteressadas, filosofia, letras e pedagogia.[15]

A singularidade da UDF irá se refletir não apenas na inovação dos seus cursos e na forma com que eles são organizados, mas também na expressão intelectual dos seus professores. Os anos iniciais, apesar de difíceis, são dedicados à composição de sua estrutura interna.[16] Tal composição esteve, primeiramente, sob grande influência de Anísio Teixeira e Afrânio Peixoto, isto é, sob gestão da prefeitura do Distrito Federal e dos liberais. Mas pouco a pouco ela foi sendo submetida às orientações, cada vez mais diretas, do governo federal e dos católicos. De fato, os primeiros anos da universidade (1935-1936) foram decisivos para a cristalização da qualidade dessa instituição, ainda fortemente vinculada aos desígnios dos educadores liberais. No entanto, sua estrutura, pouco a pouco, vai ficando submetida à orientação, cada vez mais direta, do Governo federal e dos católicos. Em seus últimos anos (1937-1938), já se encontrando sob controle imediato do poder central, que estava desejoso de sufocar esse projeto universitário, a UDF apenas tenta reproduzir a qualidade que lhe foi impressa inicialmente.[17]

---

[14] PROEDES/UFRJ - UDF - Documento n. 186, pasta 17 - Boletim da Universidade do Distrito Federal, 1935.
[15] BITTENCOURT, 1955, p.22.
[16] A UDF começa a funcionar em condições precárias de instalação, sem sede própria. Utiliza o espaço físico do Instituto de Educação, na Rua Mariz e Barros, onde se localiza a reitoria. Para a realização de seus cursos utiliza a Escola Politécnica (Universidade do Rio de Janeiro) e a Escola José de Alencar, no Largo do Machado. Os laboratórios são da URJ e dos institutos de onde provinham os professores da Escola de Ciências (FÁVERO, 1989a, p.27).
[17] Como o segmento mais ambicioso do programa educacional de Gustavo Capanema sustentava-se na realização de um grandioso projeto universitário, a Universidade do Brasil,

No seu primeiro ano de funcionamento, professores estrangeiros são contratados por Afrânio Peixoto[18] para lecionarem em áreas consideradas sem profissionais suficientes. Afonso Penna Júnior,[19] ao assumir a reitoria, consegue garantir a continuidade do ano letivo de 1936 e a permanência dos professores estrangeiros. Dentre estes cabe ressaltar os oriundos das missões universitárias francesas, em função da importante contribuição que deram para o desenvolvimento e modernização das diversas áreas do saber da universidade brasileira e pelo estreitamento dos laços culturais entre França e Brasil.[20]

Essas missões trouxeram para a UDF os professores Pierre Deffontaines (1936-1939, Geografia Humana), Eugène Albertini (1936-1939, História da Civilização Romana), Robert Garric (1936-1938, Literatura Francesa), Édouard Bourciez (1936-1939, lecionando Letras), Émile Bréhier (1936-1939, História da Filosofia), Henri Hauser (1936-1939, História Econômica), Gaston Leduc (1936-1939, Economia Social e Organização do Trabalho), Jacques Perret (1936-1939, Língua e Literatura Greco-romana), Étienne Souriau (1936-1939, Psicologia e Filosofia), Henri Tronchon (1936-

---

um padrão nacional de ensino superior para todo o país, a UDF representava um desafio direto à realização desse empreendimento, tão acalentado pelo ministro. Assim, o poder central, com o auxílio dos pensadores católicos, foi ocupando espaços decisivos na UDF, passando a interferir gradativamente em seu destino, até decretar sua extinção, em 1939 (SCHWARTZMAN, Simon et allii, 2000, p. 221-226).

[18] Júlio Afrânio Peixoto (Lençóis,1876 – Rio, 1947), o primeiro Reitor da UDF, trouxe para a Universidade seu prestígio intelectual, sua consagração literária e toda uma vida dedicada ao ensino e à vida cultural brasileira. Seu trabalho foi interrompido no mesmo ano em que assumiu o cargo em 1935, quando se exonerou por solidariedade a Anísio Teixeira, assim como todos os seus colaboradores demitidos da Secretaria de Educação. A relação entre Anísio Teixeira e Afrânio Peixoto era muito forte, tanto do ponto de vista profissional quanto do pessoal (LOPES, 1999, p.322).

[19] Afonso Penna Júnior, o segundo Reitor da UDF, assume o cargo de março de 1936 a dezembro de 1937 (PROEDES/UFRJ – UDF: Documento n.187, pasta 18, Entrevista do Reitor da UDF Afonso Penna Júnior concedida em 15 de maio de 1936).

[20] Tanto na USP quanto na UDF, e posteriormente na Universidade do Brasil, as missões universitárias francesas foram cruciais no desenvolvimento científico brasileiro e na aproximação cultural entre ambos os países. (Ver LEFÈVRE, 1993 e FERREIRA, 1999).

1937, Literatura Comparada), Philippe Arbos (1937-1939, Geografia), Cherel (1937-1945, Letras), Georges Millardet (1937, Língua e Literatura Greco-romanas).²¹ Em 1936 as aulas inaugurais dos professores franceses são publicadas e sua importância é ressaltada por Afonso Penna:

> As lições inaugurais, que ora se publicam, são dos notáveis professores franceses, contratados pela UDF(...). A leitura dessas peças magistrais permite, com efeito, avaliar os cursos (...). Em todas elas se evidencia a segurança dos conhecimentos, a larga prática de ensino, a proficiência didática de cada um dos mestres.
> Em cursos, como os nossos, destinados à formação de professores, as missões universitárias estrangeiras, selecionadas em vários centros de cultura, têm sobretudo a vantagem de oferecer ao exame e escolha dos futuros professores uma brilhante variedade de tipos ou tendências de ensino, verdadeiros modelos para a formação profissional dos estudantes, segundo o temperamento e vocação de cada um.
> Essa atuação de bom fermento, esse influxo vocacional dos mestres insignes deixa, por vezes, traços indeléveis através de várias gerações. ²²

Assim como as missões estrangeiras, também os professores brasileiros contratados, alguns de grande expressão no país, à época, deixam marcas na UDF. Dentre estes destacavam-se, em 1936: Roberto Marinho de Azevedo, Lelio Gama e Lauro Travassos (Escola de Ciências), Afonso Arinos de Melo Franco, Arthur Ramos de Araujo Pereira, Carlos Delgado de Carvalho, Gilberto de Mello Freyre, Heloísa Alberto Torre, Hermes de Lima e Josué Apolônio de Castro (Escola

---

²¹ Informações retiradas em LEFÈVRE, 1993, p.32 e PROEDES/UFRJ – UDF - Documento n.184, pasta 15 - Lições Inaugurais da Missão Universitária Francesa durante o ano de 1936 (UDF - RJ- 1937. 191p.).
²² PROEDES/UFRJ – UDF – Documento n.184, pasta 15 - Lições Inaugurais da Missão Universitária Francesa durante o ano de 1936, UDF - RJ- 1937, p.I-II.

de Economia e Direito); Sérgio Buarque de Hollanda e Prudente de Moraes Neto (Escola de Filosofia e Letras); Lourenço Filho e Antônio Carneiro Leão (Escola de Educação); Cândido Portinari, Carlos de Azevedeo Leão e Heitor Villa-Lobos (Instituto de Artes).[23]

A UDF se estruturou e se desenvolveu tendo como característica a excelência profissional nos diferentes campos de conhecimento implantados, característica que marcaria seu caráter institucional inovador. O critério de competência intelectual com relação à seleção do corpo docente parece ter sido um de seus grandes méritos, mesmo quando Anísio Teixeira deixa o cargo de secretário de Educação e Cultura e seus aliados são demitidos.[24] Embora a liberdade e a autonomia da universidade tenham sido violadas, e, pouco a pouco ela se emoldure ao modelo do governo central, que interfere na composição ideológica do seu quadro docente, principalmente a partir de 1937, quando seu comando fica a cargo de Alceu Amoroso Lima,[25] o critério de competência intelectual vigorou durante seus efêmeros anos de existência.

---

[23] PROEDES/UFRJ – UDF – Documento n. 36, pasta 006 - Relação de Professores da UDF, 1936.

[24] Em 1935 Hermes Lima, diretor da Escola de Economia e Direito, Castro Rabello e Leônidas de Rezende são presos e demitidos de suas cátedras. Só em 1945 eles retornariam para a Universidade do Brasil, por força de decisão judicial. Alguns autores chegam a sugerir que essas demissões foram resultado de conflitos ideológicos com Alceu Amoroso Lima, ocorridos desde o início dos anos 30. Esses conflitos tornaram-se evidentes em concursos realizados nas faculdades de Direito, que apresentavam tendência marxista nesse período. O primeiro, em 1932, quando Alceu Amoroso Lima disputa e perde a cadeira de Economia Política para Leônidas de Resende. O segundo, em 1933, quando Alceu Amoroso Lima disputa e perde a cadeira de Introdução a Ciência do Direito para Hermes Lima. (VENÂNCIO FILHO, A. C., Das arcadas ao bacharelismo. 150 anos de ensino jurídico no Brasil. São Paulo: Perspectiva, 1977 - Apud. OLIVEIRA, 1995, p.247).

[25] Com o pedido de demissão de Afonso Penna Júnior, em dezembro de 1937, a reitoria é entregue a Alceu Amoroso Lima, que a exerce até 1939, momento de preparar sua extinção.

b) O Curso de Geografia da UDF

O curso de Geografia universitária no Rio de Janeiro surge na Escola de Economia e Direito da Universidade do Distrito Federal. A idéia de implantação dessa Escola estava assentada na necessidade de criação de um centro de documentação e pesquisa dos problemas nacionais. Sua principal finalidade era estudar a organização econômica, política e social do país e formar professores e especialistas nos seus ramos diversos de estudos. Para tanto estava prevista a existência de cinco seções: I) Ciências Econômicas; II) Ciências Sociais; III) Ciências Geográficas e Históricas; IV) Ciências Jurídicas; V) Ciências Políticas e da Administração. Apenas tiveram funcionamento a seção II, com o Curso de Sociologia e Ciências Sociais, e a seção III, com os cursos de Geografia e de História.[26]

Assim, a Escola de Economia e Direito tinha como objeto de investigação o Brasil, tão pouco conhecido pelos brasileiros naquele momento.[27] Por sua vez, seus objetivos estavam voltados para a

---

(PROEDES/UFRJ – UDF - Documento n.187, pasta 18, Entrevista do Reitor da UDF Afonso Penna Júnior concedida em 15 de maio de 1936). Paim, contudo, aponta que houve um curto período, entre as gestões de Afonso Penna Júnior e a de Alceu Amoroso Lima, em que a reitoria esteve sob responsabilidade de José Baeta Vianna, bioquímico de renome da Faculdade de Medicina de Minas Gerais, então coordenador do Curso de Química da Escola de Ciências. Segundo esse autor, Afonso Penna entrega a reitoria a José Vianna em dezembro de 1937, com a formatura da primeira turma, quando considera consolidada sua missão na UDF. De toda forma, Alceu Amoroso Lima assume o cargo no ano de 1938. O último reitor da UDF, ainda que por poucos dias, foi Luiz Camillo de Oliveira Neto, que tenta sem sucesso impedir o desmantelamento da Universidade (PAIM, 1981, p.84).

[26] PROEDES/UFRJ - UDF - Documento n. 186, pasta 17 - Boletim da Universidade do Distrito Federal, 1935.

[27] Foram diretores da Escola de Economia e Direito Hermes de Lima (1935-1936) e Edmundo da Luz Pinto (1936-1939). Em 1935 o nome de Carlos Delgado de Carvalho aparece como vice-diretor e o de Odette de Toledo como secretária. Odette de Toledo foi muito atuante na Escola de Economia e Direito, exercendo o cargo de secretária até a extinção da UDF. Mantinha comunicação freqüente com professores franceses e brasileiros, o que pode ser aferido através das cartas por ela encaminhadas para Pierre Deffontaines, Gaston Leduc, Gilberto Freire, Roquette Pinto, Afonso Arinos entre outros (Acervo PROEDES/UFRJ - UDF). Segundo Maria de Lourdes Fávero, em conversa informal, Odette de Toledo foi a grande responsável pela manutenção de parte do acervo documental que existe hoje na UDF.

construção da identidade nacional, construção que pressupunha a formação de professores para os ensinos secundário e superior e a modernização científica das áreas de conhecimento, já levada à frente em países como Alemanha e França, e até mesmo Itália, matrizes culturais importantes para o Brasil, à época. É dentro da Escola de Economia e Direito, e a partir desse quadro de intenções, que o Curso de Geografia da UDF se inscreve.

Apesar de Geografia e História constituírem uma só seção na UDF, o Curso de Geografia é implantado e desenvolvido separadamente do Curso de História, fato singular, se comparado à historiografia da Geografia na Universidade de São Paulo e na Universidade do Brasil.[28] A independência dos cursos fica evidente nas documentações levantadas e analisadas, situação que pode ser ilustrada pela entrevista de Afonso Penna Júnior, então Reitor da UDF, concedida a *O Jornal*, em 15 de maio de 1936:

> Para que se forme o verdadeiro professor, deverá este aprender, além do conteúdo, propriamente dito, outros conhecimentos fundamentais (...). Tomemos, para exemplificar, o curso de formação de professor de Geografia. No seu primeiro ano, ao lado do curso de conteúdo, em que o aluno estudará a Fisiografia, a Geografia Humana, o Desenho Cartográfico, haverá o curso de fundamentos, com o estudo de Inglês ou Alemão, História Geral da Civilização, com referência especial ao fator geográfico, de Geologia e Desenho. Já no segundo ano o curso de conteúdo ficará acrescido com o ensino de organização de programa e material didático de Geografia e História, e com a prática de Geografia. No terceiro ano, enfim, haverá no curso de conteúdo trabalhos de campo, sendo o curso de fundamentos substituído por

---

[28] Tanto na Universidade de São Paulo quanto na Universidade do Brasil, a Geografia estava acoplada à História, formando um só curso, Curso de Geografia e História, nas então faculdades de Filosofia, Ciências e Letras, embora cada uma dessas áreas de conhecimento tivesse também sua própria organização departamental. Os documentos pesquisados e analisados no PROEDES/UFRJ, em finais de 2001 e inícios de 2002, apontaram a separação dos cursos na UDF, contradizendo a literatura trabalhada e veiculada em artigo que escrevi anteriormente.

um de integração profissional, que é de importância capital, em que o aluno aprenderá, além de outras matérias, a Filosofia da Educação e das Ciências, a Psicologia do adolescente e medidas educacionais e a prática de ensino.

Como se vê, o diplomado nesse curso saberá, integralmente, a Geografia. Ainda não podemos, infelizmente, instalar esses cursos para totalidade do ensino secundário. Mas já estão funcionando, em excelentes condições, os de formação de professor de Geografia, de História, Sociologia e Ciências Sociais; de Português e Literatura, de Latim e Inglês; de Matemática, Física, Química e História Natural; de Instrutores Técnicos das escolas secundárias de Urbanismo e aperfeiçoamento em Arquitetura, e vários outros que seria longo enumerar.[29]

Outros três documentos levantados também indicam essa independência. O primeiro apresenta o plano para o curso de formação de professores secundários de Geografia em dezembro de 1936. Este documento confirma a estrutura de organização do curso de Geografia apontada por Afonso Penna em seu discurso.[30] O segundo documento refere-se ao corpo discente da Escola de Economia e Direito de 1937, discriminado por cursos. Aqui são apresentados os nomes dos alunos das três turmas dos cursos de

---

[29] PROEDES/UFRJ - UDF - Documento n. 187, pasta 18. Entrevista do Reitor da UDF Afonso Penna Júnior concedida em 15 de maio de 1936 a "O Jornal".

[30] O curso de formação em Geografia, em dezembro de 1936, era ministrado inicialmente em três anos. No primeiro, como cursos de conteúdo, eram lecionadas as disciplinas de Fisiografia, Geografia Humana, Desenho Cartográfico e Geografia Regional (Brasil); como cursos de fundamento eram lecionadas História da Civilização, Geologia, Paleontologia e Línguas (alemão ou inglês ou francês). No segundo ano, o curso de conteúdo era composto pela Fisiografia, Geografia Humana, Práticas de Geografia, Desenho Cartográfico, Geografia Regional; o curso de fundamentos era dedicado ao estudo de inglês, francês ou alemão. No último ano eram lecionadas Fisiografia, Geografia Humana, Trabalho de campo e História da Geografia como cursos de conteúdo e o curso de fundamentos substituído por cursos de integração profissional, ministrados na Escola de Educação da Universidade (PROEDES/ UFRJ - UDF – Documento n. 100, pasta 008 - Planos dos Cursos da Escola de Economia e Direito, 1936).

Geografia, de História e de Sociologia da UDF.[31] O terceiro é um relatório de atividades realizadas em 1936 e 1937 encaminhado ao Reitor de autoria do diretor da Escola de Economia e Direito, Edmundo da Luz Pinto. Nele constam informações importantes sobre as atividades desenvolvidas pela Geografia, como excursões e visitas realizadas na disciplina de Geografia Humana. São também apresentadas as realizações dos outros cursos da Escola.[32]

Até o final do ano letivo de 1937, a Geografia e a História formavam, assim, cursos independentes, seguindo a primitiva organização da UDF. Porém, de acordo com os poucos registros documentais encontrados sobre as atividades da UDF em 1938, seu último ano de vida, a reforma instituída pelo decreto de maio de 1938, estabelece a reorganização da universidade para este ano letivo, fundindo os cursos de Geografia e de História em um só, com o nome de Ciências Sociais. O curso de Ciências Sociais continuava a ser realizado em três anos, com disciplinas das áreas específicas, e mais um ano dedicado às disciplinas pedagógicas, e passava a ser definido por três registros distintos, Sociologia, História e Geografia. Entretanto, embora com registros diferenciados, o curso de Geografia e História passava a ser ministrado pela mesma grade curricular, acoplando as disciplinas que eram anteriormente lecionadas nos dois cursos separadamente.

Como o curso de Geografia da UDF contou com quatro turmas desde 1935, as três primeiras turmas, 1935, 1936 e 1937, foram orientadas com currículos específicos apenas de Geografia, enquanto a última, de 1938, foi conduzida por outra concepção curricular

---

[31] PROEDES/UFRJ - UDF – Documento n. 071, pasta: 007, Relação de Alunos das Escolas de Economia e Direito, 1937.

[32] Esse relatório vem ainda confirmar que apenas três cursos foram implementados na Escola de Economia e Direito, funcionando até a extinção da UDF: o curso de Formação de Professor Secundário de Geografia, o curso de Formação de Professor Secundário de História e o curso de Formação de Professor Secundário de Sociologia e Ciências Sociais. (PROEDES/UFRJ - UDF - Documento n. 103, pasta 008, Relatório do Diretor da Escola de Economia e Direito ao Reitor, 1937).

acoplada e mais próxima da adotada posteriormente na Universidade do Brasil. Quando ocorre a extinção da UDF, no início de 1939, os cursos são transferidos para a Faculdade Nacional de Filosofia da Universidade do Brasil, e a Geografia e a História passam efetivamente a constituir apenas um curso, Geografia e História, conforme será discutido mais adiante.[33]

De toda maneira, dominou na UDF a independência dos dois cursos. Por outro lado, os diálogos entre a Geografia e a História parecem ter sido fluentes. Essa fluência possivelmente foi estabelecida em função não apenas da aproximação física e cotidiana dos alunos e professores, proporcionada pela realização das aulas no mesmo prédio[34] e da existência de disciplinas e atividades que lhes eram comuns, mas também em função dos estreitos vínculos no campo intelectual e pessoal entre os professores franceses e do perfil acadêmico-intelectual dos professores brasileiros.

Como, até aquele momento, não havia no Brasil cursos de formação de especialistas em Geografia, História ou Sociologia e Ciências Sociais, os professores brasileiros da UDF, tanto de História quanto de Geografia, eram egressos da Engenharia, da Medicina, do Direito, ou eram até mesmo autodidatas. Eles faziam parte do setor letrado brasileiro, eram pessoas destacadas da intelectualidade nacional que travavam entre si diálogos freqüentes. A capacidade

---

[33] (PROEDES/UFRJ – Universidade do Brasil. Ata do conselho departamental da sessão realizada no dia 11 de julho de 1946. Informações retiradas do parecer dado pelo professor Thomaz Coelho Filho em 1946, em resposta ao requerimento de ex-alunos da UDF para expedição do diploma de Bacharel). O novo currículo de Geografia para o ano de 1938, já acoplada à História, era, no primeiro ano: FisioGeografia, História Geral, Geologia, PaleoGeografia, Geografia Humana, Geografia Regional, Desenho Cartográfico, Francês e Inglês; no segundo ano: História do Brasil, Geografia Física, Geografia Humana, Sociologia Geral, Estatística, História Geral e Topografia-Cartografia; no terceiro ano: Geografia do Brasil, História da América, História do Brasil e Etnografia.

[34] As aulas de Geografia e História foram ministradas primeiramente no Colégio Pedro II (na Rua Marechal Floriano e na Rua do Catete, 147). Em 1938, passaram a ser ministradas na Escola José de Alencar, no Largo do Machado, onde hoje fica a Escola Amaro Cavalcante (Documentos PROEDES/UFRJ - UDF).

intelectual desses primeiros docentes pode ser evidenciada quando se observa a qualidade dos discursos, aulas, artigos e livros que produziam.

Assim, do ponto de vista dos professores brasileiros, foram profissionais de outras áreas do conhecimento e de expressivo valor intelectual que estabeleceram as bases do campo científico-disciplinar da Geografia da UDF. Do ponto de vista dos professores estrangeiros, foram os franceses que impulsionaram a Geografia universitária no Rio de Janeiro. Estes já traziam consigo uma consolidada formação em Geografia, inspirada nos grandes mestres franceses daquele tempo, tais como Jean Brunhes, Emmanuel de Martonne e Albert Demangeon, todos de alguma forma influenciados por Paul Vidal de La Blache.

c) Os professores de Geografia da UDF: indivíduos que fizeram sua história

Para melhor conhecer a Geografia da UDF, serão agora apresentados os docentes brasileiros e estrangeiros que constituíram seu corpo de professores, explorando-se a trajetória pessoal e as práticas acadêmicas daqueles de maior expressão no cenário da Geografia brasileira, no período. Em função de o plano de curso de Geografia englobar cadeiras de História e de Geologia, serão aqui inicialmente mencionados tanto os professores envolvidos diretamente com as disciplinas do Curso quanto aqueles que, de alguma maneira, contribuíram para a formação dos novos profissionais de Geografia.

Nesse sentido, serão apontados, em primeiro lugar, os docentes da seção de Geografia e História da UDF, ou seja, os docentes dos cursos de Geografia e de História da Universidade. Essa seção contou com os seguintes professores: Fernando Antônio Raja Gabaglia (Fisiografia), João Capistrano Raja Gabaglia (Práticas de Geografia),

Pierre Deffontaines e seus assistentes José Junqueira Schmidt e Ernesto Street (Geografia Humana), Phillippe Arbos (Geografia Humana), João Baptista Mello e Souza (História da Civilização da América), Jayme Coelho (História da Antigüidade), Afonso Arinos de Mello Franco (História da Civilização do Brasil), Eugène Albertini e seu assistente Roberto Accioly (História da Civilização Romana), Carlos Delgado de Carvalho (História Moderna e Contemporânea), Francisco Campos (História das Doutrinas Políticas), José Maria Bello (História Geral da Civilização), Isnard Dantas Barreto (História da Idade Média e Moderna), Henri Hauser e seu assistente Sérgio Buarque de Hollanda (História Moderna e Economia).[35]

Destes professores, aqueles que tiveram seus nomes diretamente vinculados à Geografia foram: Fernando Antônio Raja Gabaglia, João Capistrano Raja Gabaglia, Pierre Deffontaines, José Junqueira Schmidt, Ernesto Street, Phillippe Arbos e Carlos Delgado de Carvalho. Outros nomes foram encontrados nas documentações pesquisadas, como o de Mathias de Oliveira Roxo (PaleoGeografia e Geologia), Alberto Betim Paes Leme (Geografia Regional) e Christóvam Leite de Castro (Desenho Cartográfico).[36]

---

[35] (PROEDES/UFRJ - UDF - Documento n. 186, pasta 17, Boletim da Universidade do Distrito Federal, 1935). Dois professores que, mais tarde, na década de 1940, irão estar vinculados à Geografia universitária, na então Universidade do Brasil, lecionaram na UDF no Curso de Sociologia e Ciências Sociais, são eles: Josué de Castro (Antropologia Física) e Arthur Ramos (Psicologia Social) (PROEDES/UFRJ - UDF - Documento n. 186, pasta 17, Boletim da Universidade do Distrito Federal, 1935; Documento n. 36, pasta 006, Relação de Professores da UDF, 1936 e 1937). De acordo com outra documentação, correspondência de Josué de Castro enviada à Capanema, no último ano de existência da UDF, em 1938, Josué de Castro é transferido para a cadeira de Geografia, em função de uma reforma na Universidade, que acaba suprimindo a cadeira de Antropologia (PROEDES/UFRJ - UDF - Documento n. 125, pasta 012, Carta de Josué de Castro para Capanema, 11 de abril de 1939). Outro nome que também estará presente na Geografia da Universidade do Brasil é o de Wanda Mattos Cardoso. Na UDF Wanda Mattos Cardoso era aluna da primeira turma do Curso de Sociologia e atuava como professora em área não discriminada (PROEDES/ UFRJ - UDF - Documento n. 186, pasta 17, Boletim da Universidade do Distrito Federal, 1935; Documento n. 36, pasta 006, Relação de Professores da UDF 1936 e 1937).

[36] PROEDES/UFRJ - UDF - Documento n. 36, pasta 006, Relação de Professores da UDF 1936; Documento n. 103, pasta 008, Relatório do Diretor da Escola de Economia e Direito

Mathias de Oliveira Roxo era do Serviço Geológico e foi responsável pela PaleoGeografia e Geologia, realizando excursões científicas com alunos de Geografia, nas quais recolheu material para a organização do Museu da Escola de Economia e Direito, que recebeu doações do Serviço Geológico e Mineralógico. Alberto Betim Paes Leme era diretor do Museu Nacional e passou, em 1937, a lecionar a cadeira de Geografia Regional, que começa a funcionar nesse mesmo ano.[37] José Junqueira Schmid e Ernesto Street foram assistentes de Pierre Deffontaines, em 1936, e Philippe Arbos, em 1937.[38]

Christóvam Leite de Castro (1904) foi aluno da segunda turma de Geografia, de 1936, e professor de Desenho Cartográfico, em 1937[39]. Quando ingressou na UDF já era formado em engenharia

---

ao Reitor, 1937; Documento n. 001, pasta 01, a Universidade do Distrito Federal, 1937.

[37] PROEDES/UFRJ - UDF - Documento n. 103, pasta 008, Relatório do Diretor da Escola de Economia e Direito ao Reitor, 1937.

[38] (PROEDES/UFRJ - UDF - Documento n. 103, pasta 008, Relatório do Diretor da Escola de Economia e Direito ao Reitor, 1937). Foram encontradas referências desses dois professores assistentes nas correspondências de Deffontaines para Odette Toledo. Deffontaines menciona, em duas cartas de 1938, a qualidade do trabalho de ambos e seu desejo de contar com eles como assistentes de sua cadeira. Entretanto questiona essa possibilidade, em função da interdição do acúmulo de função (PROEDES/UFRJ - UDF – Documento n. 55, pasta 006, Carta do prof. Pierre Deffontaines a Odette Toledo, Lille, 14 de janeiro de 1938; PROEDES/ UFRJ - UDF – Documento n. 56, pasta 006, Carta do prof. Pierre Deffontaines a Odette Toledo, Paris, 26 de março de 1938). A menção ao acúmulo de função provavelmente se refere à Lei de Desacumulação de Cargos, de 1937. Segundo Maria de Lourdes Fávero, a partir dessa Lei os assistentes (estavam previstos dois assistentes para cada cadeira, como fator importante para dar início à criação de uma escola) passaram a ser recém-formados, o que resultou em grande desvantagem ao desenvolvimento do ensino e da pesquisa na universidade e um grande prejuízo para a formação de pesquisadores, uma vez que excelentes pesquisadores acabaram ficando fora da UDF, restringindo-se às possibilidades de experiências e de trabalho de campo (Fávero, 1994, p.12).

[39] (PROEDES/UFRJ - UDF - Documento n. 103, pasta 008, Relatório do Diretor da Escola de Economia e Direito ao Reitor, 1937). Do corpo discente da UDF cabe ser destacados os seguintes nomes que posteriormente foram de grande contribuição para a Geografia Brasileira: Hugo Segadas Viana (primeira turma, 1935); Christóvam Leite de Castro, Orlando Valverde e Jorge Zarur (segunda turma, 1936); Fábio Macedo Soares Guimarães e Fernando Segismundo Steves (terceira turma, 1937) (PROEDES/UFRJ - UDF – Documento n. 071, pasta: 007, Relação de Alunos das Escolas de Economia e Direito, 1937). Cabe ainda destacar o aluno Hilgard Sternberg, que é mencionado por Pierre Deffontaines em uma das correspondências enviadas à Odette Toledo, escrita em Paris, em 01 de janeiro de 1939.

desde 1928 e trabalhava na seção de Estatística Territorial do Ministério da Agricultura, seção que é transferida, em 1934, para o Instituto Nacional de Estatística, embrião do Instituto Brasileiro de Geografia e Estatística, o IBGE.[40] Entre 1937 e 1950, foi Secretário-Geral do antigo Conselho Nacional de Geografia (CNG), tendo o grande mérito de impulsionar a Geografia institucionalizada brasileira, mediante sua atuação nesse órgão.[41] Foi uma figura central na criação e estabelecimento das instituições geográficas, assim como na modernização deste campo de saber no Brasil. Sua colaboração parece ter sido irrestrita na consolidação da Associação dos Geógrafos Brasileiros do Rio de Janeiro e no apoio aos mestres franceses que no Rio de Janeiro trabalharam.[42]

Deffontaines se refere a Sternberg e a Zarur como os alunos mais queridos (PROEDES/UFRJ - UDF – Documento n. 57, pasta 006, Carta do prof. Pierre Deffontaines a Odette Toledo, Paris, 01 de janeiro de 1939). Possivelmente Hilgard Sternberg era da quarta e última turma a ingressar na UDF, a turma de 1938, entretanto não foi encontrada nenhuma documentação que apresente o corpo discente da UDF nesse ano.

[40] O IBGE historicamente foi organizado em janeiro de 1938, pela junção do Conselho Nacional de Estatística, criado em 1936, oriundo do Instituto Nacional de Estatística, criado em 1934, com o Conselho Nacional de Geografia, implantado em 1937. Entretanto, oficialmente, a criação do IBGE ficou estabelecida em 29 de maio de 1936, ocasião em que foram regulamentadas as atividades do Instituto Nacional de Estatística (PENHA, 1993, p.19). Sobre a criação do IBGE e a história das primeiras décadas desta Instituição ver PENHA, Eli Alves, 1993. Ainda com relação ao IBGE, cabe destacar a tese de doutoramento defendida por ALMEIDA, Roberto Schmidt, 2000, sobre a Geografia do IBGE através da memória de seus geógrafos.

[41] Informação retirada na entrevista concedida pelo professor Miguel Alves de Lima, em 02 de outubro de 2001.

[42] A colaboração dada pelo Engenheiro Christóvam Buarque Leite de Castro, por meio do CNG, aos professores franceses, trazidos pela missão francesa, em 1936, e a Associação dos Geógrafos Brasileiros do Rio de Janeiro, de Geografia, fundada em 1936, parece ter sido decisiva. Orlando Valverde chega mesmo a afirmar que a AGB carioca, graças ao apoio do CNG e, de forma menos incisiva, às outras quatro associações filiadas (Sociedade Brasileira de Geografia, Instituto Histórico e Geográfico Brasileiro, o Clube de Engenharia e a Academia Brasileira de Ciências) constituiu-se, mais tarde, em um verdadeiro curso de pós-graduação para pesquisadores e de atualização para professores de todo o Brasil. (VALVERDE, 1992, p.118-120).

Fernando Antônio Raja Gabaglia (Rio de Janeiro, 1895-1954) era formado em Direito e lecionava FisioGeografia na UDF.[43] Tinha sólida cultura geral e tratou com muita segurança e desenvoltura temas de História, Religião, Sociologia e Política. Sua trajetória político-intelectual lhe concedeu destaque no campo acadêmico da Geografia brasileira. Juntamente com Everardo Backheuser e Carlos Delgado de Carvalho, apresentou importantes contribuições para a renovação e difusão da ciência geográfica. Tinham como objetivo criar a nova escola de Geografia e desenvolver uma classificação para o território e para a população brasileira. O caráter renovador do trabalho desses três autores vinha sendo desenvolvido desde a década de 1920, quando organizaram, na Sociedade de Geografia do Rio de Janeiro em 1926, a Escola Livre de Geografia, cujo propósito era auxiliar e reciclar os professores do ensino primário e secundário, apresentando algumas construções conceituais que contrapunham a Geografia de nomenclatura, dominante até então, à Geografia moderna.[44]

Em 1918, com apenas 23 anos, Fernando Antônio Raja Gabaglia elaborou sua obra máxima, intitulada *As Fronteiras do Brasil*, apresentada como tese ao concurso para a cadeira de Geografia do Colégio Pedro II, no qual obteve o primeiro lugar.[45] Foi um dos estudiosos da temática estatal-territorial, estabelecendo vinculações entre a pesquisa geográfica e o Estado e proporcionando a consolidação da Geografia Política no Brasil. Para Raja Gabaglia a disciplina Geografia auxiliaria a construção da sociedade, uma vez que instrumentalizaria as atividades do Estado na execução de

---

[43] PROEDES/UFRJ - UDF - Documento n. 36, pasta 006, Relação de Professores da UDF, 1936; Documento n. 103, pasta 008, Relatório do Diretor da Escola de Economia e Direito ao Reitor, 1937.
[44] Eram professores desse Curso, além dos já mencionados, Luis Caetano de Oliveira (Escola Politécnica), Edgar Mendonça (Escola Normal) e Heloisa Alberto Torres (Museu Nacional) (ZUSMAN, 1996, p.131-142).
[45] SEGISMUNDO, 1981, p.149-150.

estradas, nos mapeamentos, nos levantamentos de recursos, etc. Enfim, essa disciplina forneceria ao Estado um domínio do território e, conseqüentemente, a possibilidade de realização da tão aclamada identidade nacional.[46]

A atuação de Gabaglia foi significativa tanto no campo da Geografia quanto no da política educacional brasileira. No campo geográfico, além de ter sido professor do ensino secundário oficial do então Colégio Pedro II, instituição de grande prestígio nacional,[47] foi autor de livros didáticos e um dos fundadores, em 1941, do curso Geografia e História da Faculdade de Filosofia do Instituto La-Fayette, embrião da Universidade do Estado do Rio de Janeiro, criada

---

[46] RAJA GABAGLIA, 1947.

[47] A origem do Imperial Collegio de Pedro II remonta à primeira metade do séc. XVIII, como Abrigo dos Órfãos de São Pedro, obra de caridade da antiga paróquia do mesmo nome de benemerência do Quarto Bispo do Rio de Janeiro, D. Antônio de Guadalupe, que o fundou por Provisão da Câmara Eclesiástica, em 1733. Em 1766 passou a ser designado Seminário de São Joaquim, sendo extinto por Dom João VI, em 1818. Com Dom Pedro I, em 1821, o seminário é restabelecido, recebendo a nova denominação de Imperial Seminário de São Joaquim. Entretanto acaba sobrevivendo em precárias condições materiais e institucionais. Na Regência, em 1831, o Imperial Seminário de São Joaquim é reformado e entregue à inspeção da Câmara Municipal do Rio de Janeiro. Bernardo Pereira de Vasconcelos converte o Seminário em Colégio de Instrução Secundária, e em 1837, no décimo quinto ano da Independência, e em homenagem ao Imperador Dom Pedro II, é criado o Imperial Collegio de Pedro II, sendo inaugurado em 1838 (ANDRADE, 1999, p.7-10). A partir de então, e até a proclamação da República, o Colégio teria como mecenas e protetor D. Pedro II. Conforme SCHWARCZ (1999, p.150), de orfanato humilde o "Pedro II" se transformaria na glória do nosso ensino, uma espécie de símbolo de civilidade, de um lado, e pertencimento de uma elite, de outro. Sua importância pode ser conferida a partir de seus professores. Durante 100 anos de existência do Colégio (1838-1938), pessoas expressivas na vida política e intelectual brasileira aí lecionaram, como Justiniano José da Rocha (professor de História e Geografia e deputado); Antônio Gonçalves Dias (professor de Latim); José Maria da Silva Paranhos (Barão de Rio Branco, ex-aluno, professor de História, senador e ministro do Império); Carlos Laet (professor de Português e diretor do Collegio); Sílvio Romero (professor de Filosofia); João Capistrano de Abreu (professor de História e historiador); Eugenio de Barros Raja Gabaglia (professor de Matemática); Carlos Delgado de Carvalho (professor de Inglês, Geografia e Sociologia); Henrique Toledo Dodsworth Filho (professor de Físico-Química, Diretor do Collegio e Prefeito do Rio de Janeiro); Fernando Antônio Raja Gabaglia (professor de Geografia e Diretor do Collegio) (MARINHO, I. E INNECO, L., 1938). Conforme destaca ANDRADE, 1999, p.55, pertencer, à época, tanto ao IHGB, à ABL ou ao Gymnasio Nacional, nome dado ao Colégio Pedro II nas duas décadas iniciais da Primeira República, como professor catedrático, significava ter seu trabalho intelectual reconhecido e ter seu lugar na história da cultura brasileira.

posteriormente nos anos de 1950. Na área da política educacional, atuou como Secretário de Educação do Distrito Federal e como Diretor de Colégio Pedro II. Em constante atualização sobre as discussões geográficas dos centros internacionais de pesquisa da época, tanto Fernando Antônio Raja Gabaglia quanto seu irmão João Capistrano Raja Gabaglia contribuíram para a formação do CNG e do IBGE. João Capistrano Raja Gabaglia foi professor assistente na UDF, onde lecionou Práticas de Geografia, cadeira que envolvia, entre outras atividades, o trabalho de campo. Foi, assim como o irmão, professor de Geografia do Pedro II e professor do Instituto La-Fayette.[48]

A contribuição de Carlos Miguel Delgado de Carvalho (1884-1980) à Geografia brasileira foi singular. Entretanto, no que diz respeito à sua atuação na universidade, seja na UDF ou posteriormente na Universidade do Brasil, sempre se dedicou e se vinculou à História, e não à Geografia. A documentação analisada sobre a UDF indica que apenas no ano de 1935 esteve ligado à Geografia, à frente da cadeira de Geografia Humana. Nesse mesmo ano, Delgado de Carvalho também aparece como responsável pela cadeira de Sociologia Educacional, da Escola de Educação. De fato, seu grande vínculo na UDF foi estabelecido através da História, e, desde 1936, a documentação aponta essa ligação.[49]

---

[48] (SEGISMUNDO, 1981 e GOMES FILHO, Francisco Alcântara, 1994). Os irmãos Raja Gabaglia eram filhos de Eugênio de Barros Raja Gabaglia. Segundo Everardo Backheuser, Eugênio Raja Gabaglia era um grande enciclopedista e dominava diversos, assuntos que lhe eram bastante familiares. Havia sido professor de matemática e diretor do Colégio Pedro II, além de exercer o magistério na Escola Naval e na Escola Politécnica. Foi professor de Backheuser no Pedro II, nas duas décadas iniciais da Primeira República Brasileira (BACKHEUSER, Everardo, 1938).

[49] PROEDES/UFRJ - UDF - Documento n. 186, pasta 17 - Boletim da Universidade do Distrito Federal, 1935; Documento n. 001, pasta 01, a Universidade do Distrito Federal, 1937. Neste último documento foi encontrado um breve relatório em que indica a atuação de Delgado de Carvalho no Curso de História e não no de Geografia, nos anos de 1936-1937.

Com uma formação intelectual bastante erudita, Delgado de Carvalho acaba atuando em diversas frentes de trabalho, transcendendo mesmo a História e a Geografia. Forma-se na Escola de Ciências Diplomáticas de Paris e na Escola de Economia e Política de Londres. Com idéias liberais que se coadunavam com o espírito de progresso e liberdade presentes na época, chega ao Brasil em 1906 e desenvolve sua tese de doutorado, exigida pela Escola de Ciências Políticas de Paris.[50] Logo passa a se relacionar com a jovem intelectualidade progressista, colaborando com artigos e comentários junto à imprensa mais liberal do Rio de Janeiro, como *A Notícia* e o *Jornal do Comércio*.[51]

Na universidade, Delgado de Carvalho não trabalhou diretamente com a Geografia, mas sua contribuição foi fundamental para a instalação das modernas práticas científicas no campo da Geografia brasileira. Ele foi, de fato, o grande precursor da moderna ciência geográfica brasileira. Sua importância é ressaltada por Gustavo Capanema, em discurso proferido por ocasião da abertura do X Congresso Brasileiro de Geografia, realizado no Rio de Janeiro, em setembro de 1944.

> Sabemos que o nosso ensino de Geografia padeceu defeitos essenciais em todo o decurso da história do Brasil. Um ilustre professor aqui presente – o Sr. Jorge Zarur, escreveu, há pouco, um dos volumes da Revista do Instituto Brasileiro de Geografia, um trabalho no qual declara que o ensino da Geografia no país comporta dois grandes períodos: o da colonização, até Delgado de Carvalho, e outro, a partir

---

[50] (CASTRO, 1993). Delgado de Carvalho, intelectual de formação européia, era filho de Carlos Dias Delgado de Carvalho, secretário da Legação Brasileira na França, um monarquista obstinado que estava bastante desgostoso com a instalação da República brasileira. Ao seguir para Paris, a fim de cursar a École Libre des Sciences Politiques (1905-1906), Delgado de Carvalho resolve, então, contra a vontade do pai, vir para o Brasil, para conhecer e estudar o país. Retorna à França e defende a tese *Un Centre Economique au Brésil: L'État de Minas*, editada em 1908. Por discordar das orientações de seu pai, acaba sendo deserdado, principalmente em função da viagem ao Brasil (SEGISMUNDO, 1982).
[51] FERRAZ, 1994, p.71.

de Delgado de Carvalho para cá, isto é, declarou que até muito pouco tempo a Geografia era ensinada com tal "ruindade", de maneira tão inadequada, com memorização tal que os alunos tinham horror à disciplina. A partir de certo tempo para cá é que se começa a introduzir nesse ensino nova metodologia. Devo salientar que, realmente, Delgado de Carvalho representou a este respeito papel de alta importância, porquanto foi o iniciador, quem escreveu os primeiros livros que vieram lutar pela nova causa.[52]

Esse papel pioneiro pode ser também aferido através da qualidade de suas primeiras obras, como *Un Centre Économique au Brésil: L'État de Minas*, 1908; *Geographia do Brasil*, 1913; *Le Brésil Méridional: étude économique sur les états du sud*, 1910[53]; *Météorologie du Brésil (1917)*, 1922; *Physiografia do Brasil*, 1922; *Metodologia do Ensino de Geografia: introdução aos estudos da Geografia Moderna*, 1925; e *Introdução à Geografia Política*, 1929. Embora tenham sido produzidas nas décadas de 1910 e 1920, essas obras só tiveram merecida repercussão posteriormente, em 1930 e 1940, quando os estudos e as pesquisas geográficas tomaram impulso, por meio da implantação dos cursos universitários de Geografia, da Associação dos Geógrafos Brasileiros e da criação do IBGE, instituições básicas de modernização da ciência geográfica no Brasil.[54]

---

[52] FGV - ARQUIVO GUSTAVO CAPANEMA (GC) - Discurso proferido no X Congresso Brasileiro de Geografia, sobre problemas relativos ao ensino desta disciplina. Rio de Janeiro, 1944.
[53] O clássico *Le Brésil Meridional: Etude Économique sur les Etats du Sud* (1910) apresentava um grau de elaboração ainda não visto nos estudos que eram desenvolvidos sobre o território brasileiro. De uma abordagem tradicional, baseada na divisão e descrição de estados, o Brasil começava a ser estudado através de uma visão totalizadora, que permitia agrupar em uma mesma região um conjunto de estados. *Le Brésil Méridional* levanta, reúne e faz interagir os diferentes elementos naturais e humanos da porção subtropical do Brasil, propondo uma nova divisão territorial que, a partir das regiões naturais, se sobrepunha aos limites político-administrativos dos Estados e aos interesses regionalistas de suas oligarquias agrárias. (MACHADO, M. 1999a)
[54] José Veríssimo da Costa Pereira ressalta, entre outros trabalhos de Delgado de Carvalho, a divisão regional do Brasil, que este elaborou se valendo de uma despretensiosa esquematização do filólogo e gramático Said Ali e apoiado na divisão fitogeográfica de Sain-

Em 1924, Delgado de Carvalho participa da fundação da Associação Brasileira de Educação (ABE), da qual se faz presidente, estreitando laços de trabalho e amizade com outros liberais que pensavam a modernização educacional, especialmente com Anísio Teixeira.[55] Durante a década de 1920 aumenta sua dedicação à docência, principalmente no Colégio Pedro II, onde ministra aulas de Geografia, Sociologia e Inglês. Na década de 1930, assume cargos importantes no Conselho Nacional de Educação e no Instituto de Pesquisas Educacionais. Em 1935 é nomeado catedrático de Geografia Humana na UDF, mas logo em seguida, em 1936, transfere-se para a cátedra de História Moderna e Contemporânea. Em seu lugar assume o geógrafo francês Pierre Deffontaines.

Pierre Deffontaines (1894-1978) chega ao Brasil em 1934, para lecionar Geografia na Universidade de São Paulo. Foi o primeiro geógrafo francês, membro da primeira missão universitária francesa, coordenada por Georges Dumas, que veio para o Brasil contribuir para o recém-criado ensino universitário.[56] Embora tenha se dedicado

---

Hilaire, que serviu de base para o estudo da divisão regional do país de 1941, aprovada pelo governo e levada a efeito pelo geógrafo Fábio Macedo Soares Guimarães, do Conselho Nacional de Geografia (PEREIRA, 1994, p.427).

[55] A partir da ABE, Delgado de Carvalho estabelece aproximação entre intelectuais e alunos norte-americanos e brasileiros, fundando assim, juntamente com Carneiro Leão e Afrânio Peixoto, a *Summer School,* uma forma de trazer estudantes americanos para o Brasil e levar educadores brasileiros para os EUA. (Ferraz, 1994:71).

[56] As missões universitárias são originárias das relações culturais entre Brasil e França, que foram aquecidas no século XX a partir da criação da USP e da UDF. Um dos maiores responsáveis por essa aproximação cultural foi Georges Dumas, eminente médico, professor da Faculdade de Paris, onde dirigiu, a partir de 1896, o Laboratório de Psicologia Patológica. Formado em Filosofia e doutor em Letras, Dumas foi profundo conhecedor da realidade brasileira e membro da elite intelectual francesa. Em colaboração com os governos dos Estados de São Paulo e do Rio de Janeiro, presidiu a instalação dos institutos franco-brasilienses de alta cultura no Rio e em São Paulo, que mantinham estreitas relações com a Universidade de Paris. Foi por intermédio desses institutos e de suas relações com a Universidade de Paris que o ensino superior francês gradualmente passou a se ocupar do Brasil (LEFÈVRE, 1993, p.25). Auxiliando Dumas no recrutamento dos professores franceses estavam Henri Hauser e Robert Garric. O primeiro, contemporâneo de Dumas na Escola Normal Superior e, à época, renomado historiador, entra em contato com os historiadores reagrupados em torno da jovem Escola dos *Annales,* fundada em 1929 por Marc Bloch e

desde muito cedo à Geografia, formou-se primeiramente em Direito, em 1916. Em seguida mudou-se para Paris, obtendo na Sorbonne o diploma de estudos superiores em Geografia. Em 1932 obteve, nessa mesma instituição, o título de doutor em Geografia. Em 1935, quando veio para o Brasil, já exercia as funções de professor e diretor do Instituto de Geografia na Faculdade Católica de Lille.[57]

Ao contrário de seus colegas da missão francesa de 1934, Pierre Deffontaines não tinha projeção acadêmica antes de vir para o Brasil. Por duas vezes, em 1933 e 1935, já havia tentado em seu país uma vaga na universidade pública, mas não logrou êxito. Parece que as tensas relações com seu orientador na Sorbonne, Albert Demangeon,[58] um destacado intelectual francês diretamente filiado à Geografia de Vidal de La Blache e bastante vinculado ao grupo

---

Lucien Febvre, e arregimenta para o Brasil integrantes dessa Escola, como por exemplo Pierre Monbeig, que viera para São Paulo na segunda missão francesa em 1935 para lecionar Geografia, em substituição a Pierre Deffontaines. Robert Garric, da Universidade de Lille, era militante católico e já havia vindo diversas vezes ao Brasil. Representante da liderança católica de renome na França, Garric tinha acesso garantido à rede de intelectuais brasileiros ligada à Igreja. Garric é responsável pela vinda de Pierre Deffontaines para o Brasil, em 1935 (FERREIRA 1999, p.286-292). De fato, as missões universitárias francesas no Brasil foram orientadas a partir de duas vertentes ideológicas distintas, uma de ordem anticlerical e a outra católica. Essas vertentes irão também se refletir na Geografia universitária brasileira, tanto em São Paulo quanto no Rio de Janeiro.

[57] FERREIRA, 1999, p.290.

[58] Albert Demangeon fazia parte da rede de relações do grupo dos *Annales*, especialmente de seus fundadores, Lucien Febvre e Marc Bloch, e era discípulo direto de Paul Vidal de La Bache, que também manteve estreitas relações com esse grupo. De fato, La Blache exerceu grande influência na formação de Lucien Febvre. Em 1897 foi seu professor na Escola Normal Superior, que, embora fosse uma pequena escola superior separada da Universidade de Paris, era altamente qualificada intelectualmente. Como um geógrafo interessado em colaborar com historiadores e sociólogos, La Blache, em 1891, funda uma nova revista, os *Annales de Geographie*, que, entre outras propostas, visava incentivar a aproximação desses diferentes profissionais. Mais tarde, em 1929, Lucien Febvre idealiza uma revista internacional dedicada à história econômica, chamada originalmente de *Annales d'histoire économiques et sociale*, que tinha como modelo os *Annales de Géographie* de Vidal de la Blache. O comitê editorial da primeira edição dos *Annales d'histoire économiques et sociale* incluiu não somente historiadores, antigos e modernos, mas também um geógrafo, um sociólogo, um economista e um cientista político. Desses dois últimos, haviam sido discípulos de La Blache o economista André Siegried e o geógrafo Albert Demangeon. (BURKE, Peter, 1997, p. 23-37).

dos *Annales,* dificultaram bastante o seu percurso profissional no território francês. A maior aproximação de Deffontaines foi com Jean Brunhes, geógrafo católico, do College de France. Assim, vir para o Brasil passou a representar uma nova oportunidade de realização e reconhecimento profissional.[59]

Militante católico extremamente atuante e integrante do grupo de Robert Garric, Deffontaines foi um dos fundadores da União das Três Ordens de Ensino, órgão francês voltado para o estudo de temas pedagógicos e para a divulgação de princípios que objetivavam garantir a influência católica na educação. As relações de Deffontaines no campo intelectual brasileiro foram tecidas, principalmente, com membros dos grupos católicos que estavam sob orientação do grande representante da Igreja na educação, Alceu Amoroso Lima.[60]

Em fevereiro de 1936, após sua atuação na USP, Deffontaines vem para Rio de Janeiro e assume a cátedra de Geografia Humana na UDF.[61] A importância de sua atividade profissional é destacada por Afonso Penna Júnior, em sua entrevista a *O Jornal,* na qual se refere à qualidade dos cursos dos professores franceses na Universidade.

---

[59] Marieta de Moraes Ferreira, analisando o diário pessoal de Deffontaines, aponta que as concepções religiosas deste foram fundamentais para sua aproximação com Brunhes (FERREIRA, 1999a, p.135). De toda forma, a dupla vinculação de Deffontaines, tanto com Demangeon quanto com Brunhes, não passava apenas por questões institucionais e religiosas, era também resultado de diferentes concepções de Geografia (Ver CAPEL, 1981, p.351-358). Essa duplicidade parece ter custado caro à Deffontaines. Na defesa de tese, em 1932, o presidente da banca, Emmanuel De Martonne, uma das principais figuras da institucionalização da Geografia na França e responsável pela criação e controle da distribuição de vagas no sistema universitário, criticou Deffontaines pelo fato de ele não ter mencionado no prefácio sua participação na banca. Ao mesmo tempo, De Martonne se surpreendia com os agradecimentos dirigidos a São Francisco de Assis, personagem que nada tinha a ver com seu trabalho. Deffontaines teve, após sua defesa de tese, dificuldades para obter um posto no ensino superior. A vaga na Universidade Católica de Lille não deixou de representar um certo fracasso em sua carreira. A saída para Deffontaines foi o Brasil (FERREIRA, 1999a, p.135-136.).
[60] FERREIRA, 1999, p.290-291.
[61] LEFÈVRE, 1993, p.30.

Os cursos deste ano são particularmente interessantes e úteis pela cooperação dos 10 professores franceses, em boa hora contratados pela Universidade.

A escolha deles foi feita com rigoroso critério, pois esteve a cargo do professor Afrânio Peixoto, meu ilustre antecessor na Reitoria, e se valeu para isso do sábio e boníssimo amigo do Brasil, professor Georges Dumas, de representação universal.

Os escolhidos são todos professores de nomeada, que aliam aos profundos conhecimentos especializados uma larga prática de ensino, de modo que as suas lições, em cursos para formação de mestres, serão ensinamentos de pedagogia.

A Universidade articulou, perfeitamente, as aulas dos mestres franceses nos seus cursos regulares e, tendo em vista o máximo aproveitamento dessa colaboração estrangeira, de caráter transitório, admitiu a inscrição extraordinária de ouvintes, o que está providenciando para que o maior número possível de professores cariocas acompanhem os cursos franceses das disciplinas ensinadas por cada um. Parece indiscutível que um professor de Geografia ou de Latim terá muito a lucrar com a observação do ensino do professor Deffontaines ou do professor Perret.[62]

Nesse mesmo ano, com apoio do CNG, Deffontaines funda a segunda Associação de Geógrafos Brasileiros, a AGB carioca.[63] Na realidade, tanto a Geografia universitária quanto o CNG e a AGB

---

[62] PROEDES/UFRJ - UDF - Documento n. 187, pasta 18. Entrevista do Reitor da UDF Afonso Penna Júnior, concedida em 15 de maio de 1936 a *O Jornal*.

[63] A primeira AGB também foi fundada por Pierre Deffontaines, em 1934, em sua própria residência, na capital paulista. A AGB nasceu vinculada à cadeira de Geografia da Universidade de São Paulo e reuniu estudiosos e amadores da Geografia, animados pela paixão de descobrir e conhecer o país. Contribuíram para o fortalecimento da AGB nomes como Luís Flores de Moraes e Rêgo, Caio Prado Junior e Mário Travassos, entre outros. Mesmo não tendo sido criada na então capital da República, a AGB tinha caráter nacional e buscava congregar não exclusivamente geógrafos paulistas, mas todos aqueles que desejassem conhecer mais profundamente o país e difundir as modernas diretrizes da ciência geográfica. Em virtude da transferência de Pierre Deffontaines para a Universidade do Distrito Federal, em 1935, Pierre Monbeig assume a cátedra de Geografia na USP e, ao mesmo tempo, a presidência da AGB (ANAIS DA ASSOCIAÇÃO DE GEÓGRAFOS BRASILEIROS, 1946, p.3-6).

foram instituídos com a colaboração de Pierre Deffontaines, que encontrava, naquele momento, um país desejoso de montar sua modernização político-institucional.⁶⁴ Tanto as teias de relações pessoais, das quais Deffontaines foi uma das figuras principais, quanto à necessidade de remodelação do país nos anos 1930 formaram o contexto no qual se viabilizou a institucionalização da Geografia brasileira e, em especial, da Geografia universitária do Rio de Janeiro. A importância das relações estabelecidas entre essas primeiras instituições, tanto para o desenvolvimento da Geografia nacional quanto para a Geografia universitária carioca, pode ser percebida a seguir.

A implantação do CNG, em 1937, se efetivou em função da intenção do Brasil de aderir à União Geográfica Internacional (UGI), órgão instituído pelos países desenvolvidos como sinal da marcha do mundo para novas fases prenunciadoras da globalização. Essa adesão proporcionaria a modernização técnica e científica do território nacional, crucial para um país ansioso por constituir-se como nação. A implementação de uma instituição capaz de viabilizar e sistematizar informações sobre o território brasileiro foi uma condição que Emmanuel de Martonne, presidente da UGI, que visitou o Brasil alguns anos antes, impôs para a adesão do Brasil à União. O CNG formou-se, então, com o objetivo de coordenar as atividades geográficas no país e participar dessa nova organização internacional.⁶⁵

---

⁶⁴ Dentro do projeto político nacional de Getúlio Vargas, era essencial para o Brasil mobilizar novas capacidades técnicas e humanas para a constituição de um governo centralizado, um governo empenhado na centralização do poder. O Brasil era, até então, essencialmente agrário, extremamente segmentado em arquipélagos econômicos. Para fomentar a ideologia nacional, romper obstáculos à integração espacial, à centralização e à modernização do país, seria necessário contar com um discurso descritivo e mensurável do território. Essa seria uma das principais funções que a nova ciência geográfica cumpriria naquele momento.
⁶⁵ GEIGER, 1988, p.62.

Assim, a atuação de Pierre Deffontaines, no Rio de Janeiro (UDF), e Pierre Monbeig, em São Paulo (USP), foram fundamentais para a formação e reprodução não apenas do CNG, mas também da AGB e da Geografia universitária brasileira, materializada naquele momento apenas pelos pólos carioca e paulista. Juntos, ambos encaminharam solicitação ao Ministério das Relações Exteriores para a formação do CNG, que foi reiterada pela AGB, em reunião promovida no dia 19 de outubro de 1936. Nesse documento a AGB sugere a criação, no âmbito do governo federal, de um órgão nacional de Geografia.[66] Não é demasiado lembrar que, na época, esses dois geógrafos e professores franceses eram também figuras centrais da AGB.

Paralelamente à iniciativa de formação de um órgão nacional de Geografia por Deffontaines e Monbeig, ou mesmo em retribuição a essa iniciativa, o engenheiro Christóvam Buarque Leite de Castro, que, conforme apontado, era aluno de Deffontaines na UDF em 1936, e Secretário-Geral do CNG em 1937, fornece todo o suporte fundamental, tanto para a AGB quanto para a própria Geografia na UDF.[67] Como se pode observar, a Geografia universitária no Rio de Janeiro fez parte de um conjunto de estratégias modernizadoras, estabelecido no país nos anos de 1930. Sua formação foi viabilizada pelas redes de relações pessoais e institucionais montadas principalmente a partir de alguns indivíduos-chave, dos quais Deffontaines merece destaque.

Especificamente com relação à sua atuação na UDF, cabe destacar, em primeiro lugar, a aula inaugural que Deffontaines proferiu no ano de 1936, intitulada *Qu'est-ce que la Géographie Humnaine*.[68]

---

[66] PENHA ,1993, p.74.
[67] VALVERDE, 1992, p.118-120.
[68] (PROEDES/UFRJ - Documento n. 184, pasta 15, Lições Inaugurais da Missão Universitária Francesa, durante o ano de 1936, Rio de Janeiro: UDF, 1937, p.154-168). Essa aula foi editada no ano de 1937 pela própria Universidade, em um livro de lições, que contou também com as aulas dos seguintes professores: Émile Bréhier (História da Filosofia);

Aqui ele apresenta sua concepção de Geografia e defende a imprescindibilidade da Geografia Humana como área de trabalho. Com base em Jean Brunhes, define o objeto da Geografia Humana como o estudo das paisagens, pois somente elas poderiam traduzir a importância e atuação do homem sobre a superfície terrestre; o homem é, assim, considerado peça-chave para o estudo geográfico, seu grande fabricante e transformador. Sua argumentação se sustenta, então, nas interpretações da paisagem como fruto da relação homem/ meio, na qual o homem é o grande agente da história da Terra. De fato, esse era o caminho tomado pelos estudos geográficos franceses, ainda bastante desconhecidos no Brasil.

Em segundo lugar, importa mencionar o empreendimento de Deffontaines com relação à introdução da pesquisa universitária, para a qual ele articula, em 1936, a implementação de um núcleo de pesquisa, o Centro de Estudos Geográficos (CEG), primeiro esboço de um núcleo de pesquisa na UDF. Sob sua orientação, a Comissão, constituída pelos alunos Jorge Zarur, Carlos Maria Cantão e Christóvam Leite de Castro, estrutura o CEG como uma associação cultural destinada a promover pesquisas e estudos geográficos voltados essencialmente para a realidade brasileira, com participação de professores, alunos e ex-alunos da UDF.[69]

Deffontaines também realiza, durante suas atividades na Universidade, viagens e trabalhos de campo, dentro e fora do Rio de Janeiro, que lhe permitem não apenas conhecer e aprofundar a realidade geográfica brasileira, mas também exercer grande influência no meio estudantil da Geografia e no dos geógrafos do Rio. Proferiu

---

Eugène Albertini (História da Civilização Romana); Henri Hauser (História Econômica dos Tempos Modernos); Henri Tronchon (Literatura Comparada); Gaston Leduc (Economia Social da Organização do Trabalho); Etienne Souriau (Psicologia e Filosofia); Jean Bourciez (Filosofia das Línguas Romanas); Jacques Perret (Língua e Literatura Greco-Romanas); e Robert Garric (Literatura Francesa). Mais tarde, em 1943, esse mesmo artigo de Deffontaines é novamente editado no Boletim Geográfico, IBGE.

[69] PROEDES/UFRJ - UDF - Documento n. 117, pasta 010, Projeto de Estatuto do CEG (Centro de Estudos Geográficos), 1936.

palestras e cursos de curta duração na Universidade de Porto Alegre e na Bahia, executando essas atividades com reconhecimento político e intelectual, conforme aponta a documentação analisada[70]. Direcionou suas atividades em torno de dois grandes objetivos: orientar os futuros profissionais de Geografia quanto ao ofício de professor e desenvolver a vocação de geógrafos exploradores, voltados para o conhecimento do imenso Brasil, ainda mal estudado.[71]

Como a reflexão geográfica ainda era incipiente e a pesquisa inexistente, Pierre Deffontaines apresentou contribuições essenciais à Geografia brasileira. De fato, o Brasil representou um laboratório de estudo que lhe serviu de base para grande parte da sua produção intelectual, divulgada tanto no Brasil quanto na França.[72] No primeiro ano de edição da Revista Brasileira de Geografia do IBGE, em 1939, é publicada a monografia de Deffontaines intitulada *Geografia Humana do Brasil,* na qual se apresenta a dimensão continental do Brasil, suas características fisionômicas e as lutas travadas entre o homem e a natureza.[73] Empregando uma moderna concepção geográfica em defesa da Geografia Humana, o autor procura mostrar as características da natureza brasileira e as conseqüentes atitudes do homem sobre sua paisagem. Em geral, os artigos de Deffontaines não apenas davam um tom novo aos estudos geográficos brasileiros, mas também apresentavam e descreviam a

---

[70] PROEDES/UFRJ - UDF – Documento n. 43, pasta 006; Carta de Odette Toledo ao prof. Pierre Deffontaines, Rio de Janeiro, 19 de janeiro de 1937; Documento n. 53, pasta 006, Carta do prof. Pierre Deffontaines a Odette Toledo, Bahia, 24 de outubro de 1936; Documento n. 54, pasta 006, Carta do prof. Pierre Deffontaines a Odette Toledo, Lille, 19 de dezembro de 1936; Documento n. 55, pasta 006, Carta do prof. Pierre Deffontaines a Odette Toledo, Lille, 14 de janeiro de 1938.

[71] PROEDES/UFRJ - UDF – Documento n. 55, pasta 006, Carta do prof. Pierre Deffontaines a Odette Toledo, Lille, 14 de janeiro de 1938.

[72] Deffontaines forneceu vários artigos sobre o Brasil que foram publicados na França, divulgando nesse país muito da cultura e da realidade brasileiras. Rapidamente, por intermédio dos trabalhos de Deffontaines, os geógrafos franceses descobrem o Brasil, e os geógrafos brasileiros igualmente despertam para uma realidade ainda desconhecida: o território nacional (LEFÈBVRE, 1993, p.26).

[73] DEFFONTAINES, 1939a, 1939b, 1939c.

realidade territorial nacional, informação de fundamental relevância para o governo federal naquele momento, empenhado na centralização do poder, na modernização do território e na eliminação das barreiras político-territoriais dos arquipélagos econômicos que configuravam o território nacional.

Na verdade, a documentação levantada indicou que Pierre Deffontaines parece ter lecionado na UDF apenas nos anos de 1936 e 1938. As correspondências mantidas entre Deffontaines e Odette Toledo apontam sua atuação no Brasil apenas nesses dois anos. Durante o ano de 1937, o francês Philippe Arbos, que chega com a missão francesa de 1937, encarrega-se do curso de Geografia Humana, que era de responsabilidade de Deffontaines, o que pode ser confirmado pelo relatório de atividades do Diretor da Escola de Economia e Direito, de 1937.

> A cadeira de Geografia Humana foi lecionada em 1936 pelo eminente professor françês Pierre Deffontaines, continuou este ano sob a direção do Prof. Philipe Arbos. Pierre Deffontaines deu um impulso novo ao curso de Geografia Humana, não só pelas suas admiráveis lições, como pelas pesquisas e estudos que realizou com interesse invulgar pelo nosso meio e pelas nossas coisas. Tanto Deffontaines quanto Arbos assinalaram verdadeiras vocações de geógrafos entre seus vários alunos. Ambos os professores tiveram a colaboração dedicada e eficiente dos professores Ernesto Street e José Junqueira Schmidt.[74]

O quadro de professores do curso de Geografia da Universidade do Distrito Federal foi composto então por esses profissionais. De forma diferenciada, todos participaram da consolidação da Geografia universitária no Rio de Janeiro. Entretanto, podem ser aqui destacados três nomes que, pela contribuição legada à Geografia brasileira e à

---

[74] PROEDES/UFRJ - UDF - Relatório do Diretor da Escola de Economia e Direito ao Reitor, 1937

Geografia desenvolvida no Rio de Janeiro, merecem reconhecimento. Trata-se dos brasileiros Fernando Antônio Raja Gabaglia e Carlos Delgado de Carvalho e do francês Pierre Deffontaines.

Fernando Raja Gabaglia não fará parte do corpo docente da Universidade do Brasil; dará continuidade à sua atuação profissional no Colégio Pedro II, como professor e diretor, no IBGE, como consultor-técnico do CNG, e na Faculdade de Filosofia do Instituto La-Fayette, como professor de Geografia Humana. Seu trabalho intelectual no campo geográfico estará voltado para a Geografia Política brasileira.

Carlos Delgado de Carvalho, embora tenha sido responsável durante dois anos pela cadeira de Geografia do Brasil, ficará mais envolvido com a História, voltando-se para a cátedra de História Moderna e Contemporânea na Universidade do Brasil. Todavia, sua contribuição à Geografia é inquestionável. Entre outras atividades profissionais, Delgado de Carvalho dedicou-se ao Colégio Pedro II, como professor de Geografia; ao IBGE, como membro do Diretório Central do CNG; e ao setor educacional, mediante seu envolvimento com o Diretório Central do Conselho Brasileiro de Geografia, do Ministério da Educação. A influência do trabalho intelectual de Delgado de Carvalho na ciência geográfica pode ser sentida em várias direções, tanto na Geografia do Brasil quanto na Geografia Política e na Metodologia do Ensino em Geografia.

Pierre Deffontaines, assim como Raja Gabaglia, não fará parte do corpo docente da Universidade do Brasil; contudo retornará ao Brasil nos anos 40 e realizará algumas palestras nessa então nova instituição. Além das articulações que fomentou entre o CNG, a AGB e a universidade e da influência que exerceu sobre alunos e professores de Geografia, no período em que esteve na UDF, Deffontaines legou à ciência geográfica uma expressiva contribuição, ao desenvolver seus estudos sobre a realidade territorial brasileira.

Esses três grandes profissionais tinham em comum não apenas extraordinária erudição, mas também o projeto de modernização da ciência geográfica no Brasil. Eles foram os pioneiros da prática científica em Geografia, os precursores da modernização dos estudos geográficos no país. O caráter modernizador de seus trabalhos pode ser sentido tanto através das produções intelectuais, como as de Delgado de Carvalho e de Pierre Deffontaines, quanto através da atuação pedagógica, como a de Fernando Raja Gabaglia. Guardando as devidas proporções, todos defenderam a entrada de um moderno critério de cientificidade pautado no então modelo de ciência moderna praticada na Europa, principalmente em território francês, a ciência positiva, descritiva, experimental e explicativa. A partir da influência desses profissionais, pode-se afirmar que a moderna Geografia brasileira se efetiva, passando a ser orientada não mais pelo puro estilo retórico e literário, que dominou o ensino médio e superior no final do século XIX e início do século XX, mas na prática científica de laboratório e de investigação, sustentada pelas evidências empíricas.

Do ponto de vista político, esses profissionais apresentam tendências diversas. Fernando Raja Gabaglia pertencia à oligarquia mineira, era afilhado de Antônio Carlos Ribeiro de Andrada, Governador de Minas Gerais, e, como partidário da Aliança Liberal, havia apoiado o movimento militar que desembocou em 1930 e levou Getúlio Vargas ao poder. Carlos Delgado de Carvalho, por sua vez, era democrata e liberal. Estava vinculado à jovem intelectualidade progressista brasileira e ao movimento da Escola Nova, tendo sido amigo pessoal de Anísio Teixeira, um dos grandes representantes dos liberais na educação. Já Pierre Deffontaines estava atrelado aos grupos católicos franceses e brasileiros. No Brasil contou com o apoio de um dos grandes representantes da Igreja na Educação, o conservador Alceu Amoroso Lima.

Todos, entretanto, como demonstra a análise de suas obras, estavam empenhados num grande projeto: inventar a "tradição nacional", tão acalentada pelos intelectuais sediados no Rio de Janeiro, fortemente ligados à modernização estadonovista.[75] A grande preocupação centrava-se em construir interpretações de Brasil por meio da descrição do território nacional, tarefa que possibilitaria romper com os obstáculos políticos à integração espacial do país, advindos dos poderes de algumas oligarquias regionais. Assim, seja em função de interesses oligárquicos opostos, como Raja Gabaglia, seja em função da reafirmação dos princípios liberais na educação com as bandeiras de aperfeiçoamento do ensino superior e da defesa da escola pública, como Delgado de Carvalho, ou seja, em função dos vínculos com o projeto nacionalista do Estado Novo, por meio da atuação católica na política educacional expressada pelas articulações entre Alceu Amoroso Lima e Francisco Campos, como Pierre Deffontaines, esses intelectuais vão privilegiar em suas obras uma abordagem sustentada na escala do Brasil-nação, na escala territorial nacional. O Brasil é tratado a partir de uma nova perspectiva regional, delimitada pela fisionomia da superfície terrestre, fisionomia que também é fruto da ação do homem sobre a paisagem, a qual transcendia os limites territoriais estabelecidos pelos poderes regionais oligárquicos e possibilitava a realização do projeto tão desejado pelo Governo federal: a construção da identidade nacional.

O curso de Geografia da UDF constituiu-se, assim, como um local de debate e difusão dessa ideologia. Um local onde os esforços eram direcionados para a formação de professores e pesquisadores defensores de uma Geografia pátria. Independentes das opções político-

---

[75] A defesa de um projeto nacionalista centralizador por diferentes fatores parece ter dominado a intelectualidade do Rio de Janeiro, à época. A discussão sobre as proposições dos intelectuais no Brasil, essencialmente entre o eixo Rio/São Paulo, modelos concorrentes de organização da cultura brasileira, pode ser conferida em LAHUERTA, 1999.

partidárias, seus docentes eram porta-vozes de um conjunto articulado de idéias e valores nacionais. Foi, de fato, um local singular, de onde emanavam as concepções do Brasil-nação, mesmo porque na época não havia nenhuma outra instituição moderna consolidada para cumprir esse papel; o próprio IBGE somente dará início às suas atividades geográficas em 1938, último ano de funcionamento da UDF.

Em seu primeiro e segundo anos de existência, 1935-1936, a UDF esteve mais próxima da proposta de Brasil-nação dos políticos e educadores liberais. Em seus dois últimos anos, 1937-1938, a UDF ficou sob grande influência do governo federal e da corrente católica, e juntos deram novos contornos aos trabalhos realizados. Essa nova orientação toma corpo, definitivamente, com sua extinção e a transferência de seus cursos para a recém-criada Faculdade Nacional de Filosofia, da Universidade do Brasil, em 1939. Outras articulações e composições políticas irão permear a contratação dos professores universitários, assim como as interferências dos representantes da Igreja passarão a ser cada vez mais decisivas. De fato, o corpo docente da Geografia na Universidade do Brasil terá outra composição.

CAPÍTULO 3

A Universidade do Brasil: a Geografia na Faculdade Nacional de Filosofia

A Universidade do Brasil: a Geografia na Faculdade Nacional de Filosofia

> *Só em tempos muito próximos, e particularmente com o aparecimento das faculdades de filosofia, os estudos geográficos começam a assumir papel peculiar, específico, criando o seu próprio campo de trabalho e manejando o enorme material acumulado, para livrá-lo de toda a impureza, que era muita. Os professores estrangeiros contatados, e em particular os franceses, deram ao ensino de Geografia, entre nós, os seus rumos definitivos e mínimos. Logo depois, o Instituto Brasileiro de Geografia e Estatística iniciava os seus trabalhos, congregando elementos novos e antigos, sistematizando o material existente e abrindo perspectivas para esforço continuado e sistemático, de que os congressos de Geografia foram coroamentos significativos. Temos, assim e só agora, um estudo de Geografia em termos apropriados, embora o ensino, particularmente de formação, se ressinta de deficiências naturais.*
>
> Nelson Werneck Sodré

A Universidade do Brasil foi instituída pela Lei nº 452, em 5 de julho de 1937, com o princípio de fixar o padrão do ensino superior em todo o país. Essa concepção grandiosa fazia parte do projeto universitário do então Ministro da Educação, Gustavo Capanema, o qual, para o desenvolvimento brasileiro, considerava prioritária a constituição de uma elite nacional, com formação voltada para conhecimento técnico e especializado em todos os ramos do saber. Essa elite estaria, assim, preparada para assumir a dianteira do país, não apenas os postos de governo, mas também as diversas atividades do setor privado. O investimento no ensino superior era sua prioridade e o projeto para a Universidade do Brasil materializava todos os seus anseios: uma universidade diretamente vinculada à esfera federal, à qual todas as outras ficariam subjugadas.[1]

Como instituição exemplar, as escolas e faculdades da Universidade do Brasil deveriam ministrar todas as modalidades do ensino superior, de forma que nenhum estabelecimento deixasse de ter nela sua correspondência, o que lhe permitiria exercer o controle total do sistema de educação superior. Para a operacionalização deste projeto, estava previsto o aprimoramento progressivo do seu corpo docente, inclusive com a introdução do tempo integral, a exigência de dedicação total para os alunos e a montagem de uma vigorosa infra-estrutura, com laboratórios, clínicas, museus, gabinetes, bibliotecas etc...[2]

A idéia de criação de uma universidade federal padrão não foi facilmente aceita. Houve críticas por parte da imprensa e de setores da intelectualidade brasileira, que não viam a necessidade de uma reforma universitária tão ampla; bastaria melhorar a situação da Universidade do Rio de Janeiro e direcionar recursos para a UDF. Esse grandioso projeto acabou colaborando para a extinção da UDF, anunciada desde 1936, cujo destino outros fatores de ordem política também influenciaram, como as disputas havidas entre liberais e católicos pelo comando da educação.

Em 20 de janeiro de 1939, Getúlio Vargas assina o Decreto-Lei nº 1063, consumando a extinção da UDF.[3] Vários intelectuais se posicionaram contra a sua dissolução, como Mário de Andrade e Luiz Camillo de Oliveira Netto, que lastimaram ter sido apagado um dos centros mais vivos de saber e de cultura, "um lugar de ensino mais livre e mais moderno e mais pesquisador do Brasil."[4] De fato,

---

[1] SCHWARTZMAN, Simon et allii, 2000, p. 221-226.
[2] SCHWARTZMAN, Simon et allii, 2000, p. 221-226.
[3] SCHWARTZMAN, Simon et allii, 2000, p. 229.
[4] Apud. FÁVERO, 1994, p.13.

seria a grande vitória da política educacional autoritária do Governo federal, em detrimento da tentativa liberal levada à frente pela UDF. A lei que institui a Universidade do Brasil em 1937 modifica a denominação da antiga Universidade do Rio de Janeiro e amplia sua composição em termos de escolas, faculdades, institutos e infra-estrutura, além de prever a implementação da Faculdade Nacional de Filosofia (FNFi).[5] Embora só implantada em 1939, com uma concepção diferenciada da que foi prevista em 1937, a FNFi surge de um acordo entre governo federal e prefeitura do Distrito Federal, na realidade uma imposição do governo federal ao prefeito do Distrito Federal, seu direto subordinado. O Governo da União extinguiria a UDF e a União organizaria a FNFi como parte integrante da Universidade do Brasil; todos os alunos e professores passariam da extinta universidade distrital à nova instituição federal; a prefeitura cederia o prédio onde funcionava a UDF, a antiga Escola José de Alencar, no Largo do Machado, para a sede da nascente FNFi. E assim aconteceu.[6] O decreto nº 1.190, de 4 de abril de 1939, institui a FNFi, que historicamente veio a ser a herdeira e continuadora do movimento educacional promovido na Segunda República.[7]

---

[5] A Universidade do Brasil contou inicialmente com nove escolas, denominadas Escolas Nacionais (Engenharia, Minas e Metalurgia, Química, Medicina, Odontologia, Direito, Belas-Artes, Música, Agronomia e Veterinária), e cinco Faculdades, denominadas Faculdades Nacionais (Farmácia, Arquitetura, Política e Economia, Filosofia, Ciências e Letras e Educação). Integrariam ainda a Universidade o Museu Nacional, a Escola de Enfermagem Ana Neri e mais 15 institutos indicados na lei. Destes últimos, só três tiveram existência real, o Instituto de Eletrotécnica, o de Psicologia, e o de Psiquiatria (BITTENCOURT, 1955, p.18).

[6] A FNFi é instalada primeiramente no Largo do Machado, em seguida é transferida para o Consulado Italiano, na Presidente Antônio Carlos, e em 1968 muda-se novamente para o Largo de São Francisco, ambas as localizações no centro da cidade. A partir de 1967/68, com a reforma universitária, a FNFi é reestruturada e, em 1972, parte de seus cursos começa a ser deslocada para o então recém-construído Campus Universitário, na Ilha do Fundão. Em 1973 o curso de Geografia passa a funcionar nesse novo endereço (LOBO, 1980, p.51-59; informações retiradas da entrevista concedida pelo professor Jorge Soares Marques, em 12 de setembro de 2001).

[7] BITTENCOURT, 1955, p.22.

A FNFi foi criada nos moldes da UDF e mantinha os mesmos objetivos: preparar trabalhadores intelectuais para o exercício das altas atividades da cultura desinteressada e técnica, preparar professores do ensino secundário ou normal e realizar pesquisas nos vários domínios da cultura. Entretanto, diferente de sua antecessora, ela nasceria diretamente sob a tutela federal e sob o estrito controle doutrinário da Igreja Católica.

Unidos, a Igreja e o Ministério da Educação impedem a continuação da UDF e promovem, ao mesmo tempo, a montagem da FNFi. A Igreja parece desfrutar de uma posição preeminente na organização da faculdade e seu principal representante, Alceu Amoroso Lima, é convidado a assumir o cargo de direção. Contudo, condiciona sua aceitação à não incorporação dos professores, alunos e funcionários da extinta UDF e a transferência do início das aulas para o ano seguinte, em 1940. Amoroso Lima considerava que assumir o passivo da UDF, com cerca de cem professores e mil alunos, poderia comprometer o projeto da nova Faculdade. Embora não atendendo a suas solicitações, Capanema insiste no convite até 1941, quando o próprio ministro, em 23 de dezembro, nomeia para o cargo de direção da FNFi Francisco Clementino San Tiago Dantas.[8]

A indicação de San Tiago Dantas parece ter sido fruto de um acordo estabelecido entre Gustavo Capanema e Alceu Amoroso Lima, para garantir a direção da FNFi a uma pessoa ligada ao grupo católico.[9] Todavia, em 1940 a Igreja mostrava-se menos interessada

---

[8] Segundo Darcy Ribeiro, San Tiago Dantas era uma pessoa de extrema confiança de Capanema, que irá procurar manter sob seu controle os novos funcionários da FNFi. Ao assumir a direção da Faculdade, Tiago Dantas propõe que seja ouvida a Sessão de Segurança Nacional, para a contratação dos professores nacionais e estrangeiros (RIBEIRO, 1985, ano 1939). O primeiro ano da FNFi esteve sob comando direto do Reitor Raul Leitão da Cunha. Os anos seguintes tiveram como diretores San Tiago Dantas (1941-1945), Djalma Hasselman (1945) e Antônio Carneiro Leão (desde 1945). Exerceram o cargo de vice-diretores Ernesto Faria Junior, Tomás Alberto Teixeira Coelho Filho, Eremildo Viana e Vitor Leuzinger. Como representantes da Congregação destacavam-se: Amoroso Lima, Carneiro Leão, José Faria Goes Sobrinho, José da Rocha Lagoa e Eremildo Viana (BITTENCOURT, 1955, p.27).
[9] OLIVEIRA, 1995, P.247-248

em assumir o controle ideológico da universidade pública, pois já dava início à organização de sua própria estrutura universitária, através da implantação das Faculdades Católicas, originárias da Pontifícia Universidade Católica do Rio de Janeiro, montada em 1946.[10]

Mesmo assim as interferências dos grupos católicos e também dos grupos conservadores tanto na constituição da FNFi como nos seus anos iniciais de funcionamento foram significativas, o que pode ser percebido a partir da montagem de seu corpo docente. Para a contratação dos professores franceses foi novamente solicitada a colaboração de George Dumas, que apóia a extinção da UDF em carta à Capanema, posteriormente utilizada pelo próprio ministro em resposta às críticas que recebeu da intelectualidade liberal do país. Ao encomendar professores franceses à Dumas, Capanema assinala o desejo de contratar professores habituados à pesquisa, mas ligados à Igreja, pois a FNFi iria ficar sob a direção de Alceu Amoroso Lima, o que dificultaria a aceitação de nomes que apresentassem tendências opostas à Igreja ou que dela divergisse. Para a contratação dos professores italianos, são solicitadas orientações ao embaixador de Mussolini no Rio de Janeiro.[11]

---

[10] A Pontifícia Universidade Católica do Rio de Janeiro originou-se da denominada Faculdade Católica, que fora criada em 1941, fruto do intenso trabalho da Igreja no sentido de apresentar uma alternativa ao modelo de universidade proposto no Estatuto das Universidades Brasileiras, elaborado por Francisco Campos em 1931, e a outras iniciativas, tais como a proposta da UDF, concebida por Anísio Teixeira. Composta inicialmente por sete cursos (Filosofia, Letras Clássicas, Letras Neolatinas, Letras Neogermânicas, Geografia e História, Ciências Sociais e Pedagogia), as Faculdades Católicas iniciaram suas atividades em março de 1941. Na solenidade de abertura discursaram o padre Leonel Franca (reitor), o Ministro da Educação Gustavo Capanema e ainda Alceu Amoroso Lima. Seu reconhecimento oficial foi aprovado pelo decreto governamental n.10.859, de 01/12/42. Em 1946 a Escola de Serviço Social do Instituto Social do Rio de Janeiro, fundada em 1937, é agregada às Faculdades, complementando o número de unidades requeridas pela legislação oficial para a formação de uma universidade. Assim, pelo decreto n. 8681, de 15/03/1946, as Faculdades Católicas foram elevadas à categoria de universidade, dando nascimento à primeira universidade particular do Brasil, a Pontifícia Universidade Católica do Rio de Janeiro (SEGENREICH, 1994, p.8-15).

[11] (SCHWARTZMAN, Simon et allii, 2000, p. 231-232). Os professores franceses contratados foram Fortnat Strowski Robkowa (Língua e Literatura Francesas), Victor Lucien

Todos os contratos de professores, estrangeiros ou não, eram feitos diretamente pelo Ministério da Educação. Assim, outras injunções políticas, além das pressões da Igreja, intervieram nas contratações, principalmente com relação aos brasileiros. Como as influências e pressões advinham de todos os lados, a montagem da FNFi acabou envolvendo diversificados acordos: conciliar os vários pretendentes às cátedras com padrinhos e indicações variadas, agregar os pleitos advindos de professores que já ocupavam as cadeiras da UDF e harmonizar candidatos nacionais com os indicados pela embaixada francesa e pelo professor Georges Dumas, vencendo as barreiras contra os professores estrangeiros. Esse quebra-cabeça foi montado com as peças existentes à época.[12] Entretanto, segundo a literatura sobre a estruturação da FNFi, os pensadores católicos, especialmente Amoroso Lima, e os integralistas foram eixos centrais da implantação desse projeto universitário e tiveram papel e postos fundamentais na Faculdade.[13]

Organizada em 1939, a faculdade se constitui como um importante pólo intelectual do Rio de Janeiro, de grande interferência do poder central. Com base na estrutura catedrática, que irá dominar o sistema de poder universitário essencialmente até 1968, seus cursos irão ser desenvolvidos a partir da ótica dos intelectuais ligados ao poder, os quais, de maneiras diversas, haviam participado da composição de forças que tornara possível a consolidação do Estado

---

Tapié (História Moderna), Maurice Byé (Economia, 1939-1945), Jacques Lambert (Sociologia, 1939-1945), Antoine Bon (História, 1939-1945), André Gibert (Geografia 1939-1945), André Ombredanne (Psychologie, 1939-1945), Henri Poirier (Phylosophie, 1939-1945). Dentre eles, Schwartzman ressalta que Byé, indicado para a substituição de François Perroux, tanto quanto Lambert, Garric ou Déffontaines era definido como católico militante (SCHWARTZMAN, Simon et allii, 2000, p. 232; FÁVERO, 1989b, p.86-88 e LEFÈVRE, 1993, p.32).

[12] OLIVEIRA, 1995, p.249-252.
[13] Ver SCHWARTZMAN, Simon et allii, 2000; FÁVERO, 1994 e 1989; Paim, 1981.

Novo, e conseqüentemente estavam comprometidos como os desígnios e os projetos políticos nacionais do Governo federal.[14]

É impossível pensar a FNFi sem considerar as atuações e intervenções dos seus catedráticos, indivíduos que, na época, gozavam de prestígio no aparelho estatal. A concentração de poder do catedrático se evidencia logo nos primeiros anos de funcionamento da faculdade, sobretudo na composição de sua direção acadêmico-administrativa, formada até 1946 por um diretor, uma congregação, um Conselho Técnico-Administrativo (CTA) e passando a ser constituída, a partir de 1946, por um diretor, um vice-diretor, uma congregação e um conselho departamental.[15] Dessas composições os diferentes segmentos da comunidade acadêmica praticamente não participavam. Nelas, como nas demais unidades universitárias, prevalece a concentração de poder nas mãos dos catedráticos. Esse quadro se mantém sem nenhuma alteração até a extinção da faculdade, em 1968.

Inicialmente, a FNFi contou com quatro seções e onze cursos: Filosofia (curso de Filosofia), Letras (cursos de Letras Clássicas, Letras Neolatinas, Letras Anglo-Germânicas), Pedagogia (curso de Pedagogia) e Ciências (cursos de Matemática, Química, Física, História Natural, Geografia e História, Ciências Sociais).[16] Até 1945 a faculdade manteve esses cursos estruturados em três séries mais

---

[14] FÁVERO, 2000, p.90.
[15] As Atas da Congregação do Conselho Técnico-Administrativo e do Conselho Departamental são registros históricos de fundamental importância da FNFi. Através da análise dessas Atas foi possível reconstituir a trajetória do Curso de Geografia, relatada mais adiante.
[16] A partir da implantação da FNFi, em 1939, as faculdades de Filosofia se multiplicam por todo o país. Embora não possuindo a mesma estrutura da FNFi, essas faculdades melhoram notavelmente a qualificação do magistério e ampliam extraordinariamente a preocupação com a pesquisa científica e os estudos humanísticos. No caso específico da Geografia, os outros dois cursos públicos universitários de Geografia implantados no Rio de Janeiro, na Universidade do Estado do Rio de Janeiro e na Universidade Federal Fluminense, se originaram de duas faculdades de filosofia particulares, implementadas durante a década de 1940, assunto que será tratado nos capítulos posteriores.

uma, que correspondia a um segmento especial, remate de todos os outros, o curso de Didática. A conclusão dos cursos nas áreas especializadas conferia ao aluno o diploma de bacharel e este outorgava o direito de matrícula nos cursos de Didática. Após terminar os estudos de Didática, o formando conseguia o diploma de licenciado, com direito a exercer o magistério secundário ou normal. Em 1946, pelo Decreto-Lei nº 9092, de 26 de março, a FNFi reforma seu regimento para ajustá-lo ao Novo Estatuto da Universidade e adota o sistema de cursos de quatro anos. Uma parte da quarta série era constituída pelo prosseguimento dos estudos da especialidade dos anos anteriores; outra parte por disciplinas de formação pedagógica. Os alunos que concluíam os estudos da quarta série conseguiam o título de licenciado; os que não desejassem exercer o magistério ficariam isentos dos estudos pedagógicos e receberiam o diploma de bacharel.[17]

Os seis anos iniciais da FNFi, 1939-1945, foram cruciais para sua formação e consolidação como instituição superior referência para o ensino de humanidades no Brasil. Nessa primeira fase, foram instalados na universidade laboratórios, museus especializados, linhas de pesquisa e práticas de trabalho de campo e de laboratório. Buscou-se também a ampliação de seu quadro de professores e a implementação da pesquisa aliada à atividade de ensino, algo de que o país ainda não dispunha. Além dos cursos de graduação e de doutorado,[18] a FNFi manteve cursos de especialização, de

---

[17] BITTENCOURT, 1955, p.23.
[18] Assim como a Faculdade de Filosofia, Ciências e Letras da USP, o doutoramento é estabelecido na FNFi, desde sua institucionalização, em molde francês, com ênfase quase exclusiva na preparação de tese original. O decreto nº 1190, de 4 de abril de 1939, que organiza a faculdade, prevê a concessão do diploma de doutor ao bacharel que defender tese original de notável valor, depois de dois anos pelo menos de estudo, sob a orientação do professor catedrático da disciplina sobre a qual versar o trabalho. O segundo regimento da FNFi, de 1946, determina que a Faculdade de Filosofia concederá os títulos de doutor em Filosofia, Matemática, Física, Química, História Natural, Geografia e História, Ciências Sociais, Letras Clássicas, Letras Neolatinas, Letras Anglo-germânicas e Pedagogia. A primeira tese defendida

aperfeiçoamento e de extensão cultural. Foi no transcurso do ano de 1945 que se encerrou o ciclo inicial da consolidação da Faculdade e da própria Universidade, momento que coincide com o fim do Estado Novo e do regime autoritário até então vigente. Essas novas condições políticas levaram a Universidade a conquistar sua autonomia, formalizada em 1945 através do decreto de iniciativa do Reitor Raul Leitão Cunha.[19]

A segunda e última fase da FNFi, 1946-1968, é marcada principalmente pela implantação da pesquisa, que nos anos de 1950 os professores têm possibilidade de desenvolver pelo atendimento da reivindicação do tempo integral e da dedicação exclusiva. Grupos de pesquisa começam a surgir não apenas na FNFi, mas em toda a universidade, como na Biofísica, na Medicina, na Física, na Matemática, na História Natural, na Geografia, etc.

É importante lembrar que, nesse período, a pesquisa e o ensino universitário ainda fixavam suas bases de sustentação no país. A criação em 1951 do CNPq e da CAPES, o primeiro objetivando desenvolver a pesquisa científica e tecnológica em todos os campos do conhecimento, concedendo bolsas a pesquisadores e professores e apoiando iniciativas na universidade, e a segunda buscando assegurar a existência de pessoal especializado para os setores público e privado, são bons exemplos do empreendimento na pesquisa nacional. Assim, a década de 1950 foi um marco para a pesquisa na Universidade. Mesmo não atingido igualmente todas as suas áreas de conhecimento, é nessa década que se inicia de forma efetiva o crescimento da pesquisa institucionalizada. Aos poucos a pesquisa na universidade vai recebendo significativos aportes financeiros, do CNPq, da CAPES ou de instituições internacionais, como Fundação

---

na faculdade foi em Sociologia, em 1945, sob orientação de Jacques Lambert. Entretanto, apenas poucos alunos obtiveram o doutorado no Rio, pois, naquele momento, não havia uma estrutura consolidada na FNFi para a montagem e desdobramento de um curso dessa natureza, que teve duração efêmera, de 1944 a 1948 (FÁVERO, 1989d, p.23-24).
[19] BITTENCOURT, 1955, p.23-29.

Rockfeller, Kellog e outras. Esses auxílios permitiram a dedicação dos docentes à pesquisa e ao ensino de pós-graduação, além de terem possibilitado a formação de uma nova geração de professores responsáveis pela renovação das disciplinas e pela introdução da pesquisa como parte integrante de seus cursos.[20]

São também implementados na universidade, desde 1946, cursos de férias direcionados para professores do ensino secundário e normal. Esses cursos funcionavam durante os meses de janeiro e fevereiro e conseguiam aglutinar alunos não só de todo o país, mas também da América Latina. Neles vieram lecionar professores de diferentes lugares do Brasil, assim como estrangeiros de países hispano-americanos, dos EUA, do Canadá e da Europa, especialmente portugueses, franceses, britânicos e espanhóis.[21]

Os cursos de pós-graduação recebem, nessa segunda fase, seus primeiros impulsos, principalmente nos anos 60. São criadas Comissões Coordenadoras dos Cursos de Pós-graduação em 1961, possibilitando, nessa mesma década, a implantação do mestrado e/ou doutorado em Biofísica, Microbiologia, Ciências Matemáticas e Físicas e Engenharia Química.[22]

Entretanto, em paralelo ao desenvolvimento do ensino e da pesquisa na Universidade do Brasil, a faculdade começa a ser posta em discussão nos anos 60. Desde 1961 o desmonte da FNFi era levado a debate, em função de modificações advindas da implantação da Universidade de Brasília e da retórica científica modernizadora. A Universidade de Brasília, além de materializar a nova ideologia da integração nacional, apresentava uma outra organização, um novo modelo universitário, estruturado a partir de institutos centrais e departamentos. Esse novo padrão institucional será o orientador da

---

[20] FÁVERO, 2000, p. 62-67.
[21] BITTENCOURT, 1955, p.23-29.
[22] FÁVERO, 2000, p.70.

reestrutruração das universidades federais e mesmo da reforma universitária que estava por vir em 1967/68.[23] A retórica modernizadora foi desenvolvida em defesa de uma nova racionalidade do conhecimento, pautada não mais em uma concepção integradora do saber, em que se sustentou a idéia das Faculdades de Filosofia, mas sim na lógica da pesquisa científica extremamente especializada e, portanto, conflitante com a idéia do saber unificador.

Dentro desses princípios modernizadores, as universidades federais são reestruturadas, consolidando o desmonte da FNFi, em 1968. Em nome da racionalidade, da produtividade e da maior eficiência, as atribuições da FNFi passam a ser exercidas por três faculdades e cinco institutos: Faculdade de Filosofia e Ciências Humanas, com cursos de Filosofia, História, Psicologia e Ciências Sociais; Faculdade de Letras, com várias modalidades de Curso de Letras e o Curso de Jornalismo; Faculdade de Educação, com Cursos de Pedagogia, Orientação Pedagógica e o ensino das matérias pedagógicas exercidas para o magistério; Instituto de Matemática; Instituto de Física; Instituto de Química; Instituto de Biologia e Instituto de Geociências. Esses cinco institutos ficaram com os encargos da Seção de Ciências da Faculdade de Filosofia, nos setores de Matemática, Química, História Natural e Geografia.[24]

---

[23] (FÁVERO, 1989c, p.37-52). A organização da Universidade de Brasília se baseou na integração de três modalidades de órgãos: Institutos Centrais, Faculdades e Órgãos Complementares. Essa Universidade contou inicialmente com oito Institutos Centrais (Matemática, Física, Química, Biologia, Geociências, Ciências Humanas, Letras e Artes), divididos em Departamentos. Estes constituirão as unidades básicas da Universidade, onde se reunirão os professores coletivamente responsáveis pelas atividades de ensino e de pesquisa em cada especialidade (UNIVERSIDADE DE BRASÍLIA, 1962).

[24] FÁVERO, 1989c, p.47.

a) O Curso de Geografia na Faculdade Nacional de Filosofia

O Curso de Geografia na Faculdade Nacional de Filosofia da Universidade do Brasil tem suas raízes, conforme visto, no decreto de criação da Escola de Economia e Direito da UDF, em 1935. Em janeiro de 1939, ao transferir-se para a Universidade do Brasil, a Geografia passa a formar com a História um único curso, o de Geografia e História, que fica lotado na Seção de Ciências da FNFi, juntamente com os cursos de Matemática, Química, Física, História Natural e Ciências Sociais. A Geografia permanecerá acoplada à História até 1955, quando é formalizada sua separação, com a Lei 2594, de setembro de 1955, voltando à sua condição autônoma de curso de Geografia dos primeiros anos da UDF.

As duas fases vivenciadas pela FNFi, 1939-45 e 1946-68, servem de pistas para a análise do desenvolvimento da Geografia na Universidade. De certa maneira, o início de sua trajetória, além de ter sido diretamente orientado pela política "getulista", foi igualmente dedicado à montagem de uma infra-estrutura mínima para sua reprodução como ensino superior. A construção desse suporte foi imprescindível para o desenvolvimento da Geografia universitária na então capital da República. Vale lembrar que em São Paulo o curso de Geografia e História já estava consolidado na USP, desde 1934, e, de certa forma, seguia seu percurso bem mais distante das interferências políticas do Estado, assim como todo o sistema universitário uspiano, que acabou gerando um modelo científico-cultural diverso do levado adiante pelo Governo central, no Rio de Janeiro.

A Geografia universitária no Rio de Janeiro era de interesse prioritário do Governo central, que buscava, naquele momento, ampliar o conhecimento sobre o território brasileiro e se cercar de um número mínimo de profissionais da área, preparados para atuar tanto no ensino médio e secundário quanto nos novos postos de governo, propiciados pela modernização institucional dos anos 30, que marcam a implantação do IBGE. Na realidade, o projeto político do Governo federal consubstanciava-se na implementação do centralismo nacional, ou seja, de um projeto centralista para a nação, do qual o Rio de Janeiro, através de suas instituições públicas, seria o mais importante pólo difusor. Em contrapartida estava o projeto paulista, sustentado no federalismo oligárquico e, portanto, no seu fortalecimento regional, estadual, e na idéia de estabelecimento de um diálogo permanente com o mundo, um projeto que parece ter sido levado à frente pela USP, que busca defender internacionalmente sua marca de excelência.

Os estreitos laços entre Estado e intelectuais no Rio de Janeiro, fruto das conseqüências advindas da histórica condição de capitalidade da cidade, abriram inúmeras possibilidades de incorporação dos novos profissionais de Geografia no desenvolvimento de funções estatais. A proximidade excessiva com o poder estatal facilitou, em certo sentido, o trabalho dos geógrafos no Rio de Janeiro, na medida em que ofereceu recursos financeiros para a realização de excursões, viagens, pesquisa, etc. e possibilitou que muitos fossem por ele incorporados. Mas, por outro lado, colocou obstáculos para toda e qualquer atividade que se pretendesse autônoma do Estado, limitando, de certa forma, a liberdade e a construção intelectual de visões politicamente independentes do governo federal.[25]

A montagem da infra-estrutura universitária que englobou a organização de espaços físicos, de cursos de graduação, especialização,

---

[25] Historicamente, foi enorme a interferência do governo federal na vida intelectual do Rio de Janeiro, redundando na incorporação de muitos intelectuais ao aparelho estatal (ver ALMEIDA, Maria H.T, 1989 e LAHUERTA, 1999).

férias e doutorado[26] e do corpo docente, aliada à proximidade entre Estado e Universidade no Rio de Janeiro, foi a realidade dos primeiros anos do curso de Geografia na FNFi. De fato, buscou-se no Rio de Janeiro daquela época implantar um curso universitário de Geografia que servisse aos interesses estatais e ao mesmo tempo se impusesse como referência nacional para os futuros cursos superiores.

Acompanhando, de certo modo, as duas fases da FNFi, a Geografia vivencia também dois momentos distintos. O primeiro, de 1939 a 1955, é retratado pela montagem de sua organização infra-estrutural e delimitado pela separação do curso de Geografia e História, e o segundo, de 1956 a 1968, é marcado pela especialização do Curso de Geografia e pelo desenvolvimento da pesquisa com a atuação efetiva dos primeiros geógrafos, formados pela própria universidade dentro das novas normas que orientavam os profissionais de Geografia. Seu limite temporal é estabelecido pelo desmonte da FNFi.

Buscando detalhar a trajetória da Geografia na FNFi, serão apresentados e explorados os seguintes temas: a estrutura curricular e o quadro de professores; as contribuições intelectuais e articulações institucionais dos seus principais docentes; e o contexto de configuração em que se desenvolveu seu campo científico-disciplinar.

---

[26] Com relação ao curso de doutoramento em Geografia, a documentação analisada apontou que, entre os anos de 1945 e 1947, vários alunos de Geografia se inscreveram para cursá-lo com o professor Francis Ruellan, dentre eles Lysia Maria Cavalcante Bernardes, Maria Therezinha Segadas Soares, Léa Quintière, Elza Coelho de Souza, Dora Amarante Romariz e Antônio Teixeira Guerra (PROEDES/UFRJ - UNIVERSIDADE DO BRASIL: Ata do Conselho Departamental do dia 24 de abril de 1945; Ata do Conselho Departamental do dia 26 de fevereiro de 1946; Ata da sessão realizada no dia 26 de abril de 1946; Ata da reunião do Conselho Departamental de 25 de fevereiro de 1947). Contudo, só foi encontrado registro da concessão do diploma em 1954, em nome de Antônio Teixeira Guerra (PROEDES/ UFRJ - UNIVERSIDADE DO BRASIL: Ata do Conselho Departamental de 14 de setembro de 1954).

B) ESTRUTURA CURRICULAR E QUADRO DE PROFESSORES

O currículo do curso de Geografia e História que começou a viger na FNFi apresentará mudanças significativas se comparado àquele que vigorou durante o ano de 1938, último ano de funcionamento da UDF. De certa forma, houve uma "limpeza" de disciplinas que complementavam o currículo de Geografia na antiga UDF. O novo currículo não contará mais com as cadeiras de Francês, Inglês, História Geral, PaleoGeografia, Desenho Cartográfico, Geografia Regional, Sociologia Geral, Estatística e Topografia-Cartografia, o que reduziu tanto seu ângulo de abrangência quanto o número de disciplinas mais próximas à Geografia. Por outro lado, foram incorporadas cadeiras da História e da nova especialização que se delineava a partir das Ciências Sociais: a Antropologia.

Tendo como órbita as disciplinas Geografia Humana, Geografia Física, Antropologia, História da Antigüidade, História da Idade Média, História Moderna e Contemporânea, História do Brasil, Etnografia Geral e do Brasil, Geografia do Brasil e História da América, o curso de Geografia e História seguirá seu trajeto até 1946, quando passa por algumas alterações, ampliando de três para quatro anos o seu tempo de conclusão, em função da adequação do regimento da faculdade ao novo estatuto da universidade. A partir de 1946, são introduzidas disciplinas eletivas e também da própria especialização. Estas últimas aparecem no quarto ano, juntamente com as pedagógicas, já existentes anteriormente.[27]

Com poucas variações, essa organização curricular será mantida até 1955. Em 1953, o currículo de Geografia estava organizado em

---

[27] PROEDES/UFRJ - UNIVERSIDADE DO BRASIL. Ata do Conselho Departamental do dia 11 de julho de 1946; Ata da Congregação de 23 de novembro de 1946; Livro de Horários de 1942-1951.

quatro anos e as disciplinas eram distribuídas da seguinte forma: primeiro ano: Antropologia, Geografia Física, História da Antigüidade e Idade Média, Geografia Humana; segundo ano: História Moderna, História do Brasil, Etnologia, Geografia Física, Geografia Humana; terceiro ano: História Contemporânea, História do Brasil, Etnologia do Brasil, Geografia do Brasil, História da América; quarto ano: História Contemporânea, História da América, Geografia Humana, Geografia do Brasil, História do Brasil, Geografia Física e disciplinas pedagógicas. Como disciplinas eletivas o curso oferecia: Introdução à Ciência Histórica, História da Civilização Ibérica, Geografia Regional, Geologia e Paleontologia e Introdução à Topografia e à Cartografia.[28]

A formação dos profissionais em Geografia estava carregada de disciplinas da História, e a dos profissionais de História, por sua vez, carregada de disciplinas de Geografia. É curioso notar que, mesmo constituindo um só curso, o de Geografia e História, a separação dos ofícios era clara. Os alunos que mais se afinavam com a História trabalhavam com os catedráticos de História e aqueles que mais se identificavam com a Geografia se aproximavam dos catedráticos de Geografia. Essa situação aponta, desde então, uma forte tendência à especialização de ambas as áreas de conhecimento, mesmo considerando que o curso estivesse organizado a partir de uma única grade curricular. Outro fator que chama a atenção é a existência de dois setores ou departamentos distintos e independentes, o de Geografia e o de História, separação evidenciada quando se observam as representações diferenciadas dentro da estrutura acadêmico-administrativa da universidade, com catedráticos de Geografia e catedráticos de História, cada um defendendo interesses específicos.

---

[28] PROEDES/UFRJ - UNIVERSIDADE DO BRASIL, Livro de Horários de 1953.

Na grade curricular até 1955, embora não apareçam como atividades do curso, os trabalhos de campo faziam parte da formação de Geografia e História e eram muito apreciados por todos os alunos da Faculdade. Contudo acabou sendo alvo de conflitos entre a Geografia e a História e um dos argumentos utilizados por ambas para estabelecer a separação dos cursos.[29]

Com a separação dos cursos, em 1956, a Geografia passa a se orientar por um novo currículo. Após várias adequações, o currículo de Geografia passa em 1966 a ter a seguinte composição: no primeiro ano: Geografia Física, Geografia Humana, Geografia do Brasil, Cartografia, História do Brasil, Pedologia, Trabalho de Campo, Optativas (Antropologia Cultural, Sociologia, Estudo das Rochas e Geologia Histórica); no segundo ano: Geografia Física, Geografia Humana, Geografia do Brasil, Cartografia, Metodologia, Etnografia/ Etnologia, Administração Escolar, Trabalho de Campo, Optativas (História Econômica Geral, Estatística, Economia); no terceiro ano: Geografia Física, Geografia Humana, Geografia do Brasil, Geografia Regional, BioGeografia, Metodologia, Psicologia Educacional, Didática, Trabalho de Campo, Optativas (Botânica, Zoologia); no quarto ano: Geografia Física, Geografia Humana, Geografia do Brasil, Geografia Regional, Psicologia Educacional, Didática Geral e Especial, Trabalho de Campo e Optativas (Geografia Regional Americana).[30]

Quando o curso de Geografia foi transferido para o Instituto de Geociências, com a reforma universitária de 1967/1968, a estrutura curricular vigente foi a apresentada acima, formada por um currículo bem especializado, voltado para as próprias disciplinas da Geografia, ao qual serão incorporadas como disciplinas

---

[29] PROEDES/UFRJ - UNIVERSIDADE DO BRASIL Ata do Conselho Departamental de 02 de dezembro de 1951.

[30] PROEDES/UFRJ - UNIVERSIDADE DO BRASIL, Livro de Horários de 1966/1967.

obrigatórias apenas a Antropologia, vinda das Ciências Sociais, a Pedologia e a BioGeografia, oriundas das Ciências da Natureza. Efetiva-se, dessa forma, um distanciamento da Geografia em relação à História e às Ciências Sociais, afastamento que será também concretizado fisicamente, uma vez que o curso de Geografia é deslocado para a Ilha do Fundão, em 1973. Abandonando seus pares iniciais, a Geografia da Universidade do Brasil faz a opção por estabelecer diálogos mais constantes com outras ciências, especialmente com a Geologia, distanciando-se da formação político-cultural que muito contribuiu para o seu desdobramento como ensino universitário no Rio de Janeiro.

O grupo de professores envolvidos no curso de Geografia e História foi constituído, até 1955, por Victor Leuzinger (catedrático de Geografia Física, 1940-1966), Maria Luiza Fernandes (Geografia Física, assistente desde 1945), André Gibert (professor francês contratado de Geografia Humana, 1939-1940), Josué de Castro (catedrático de Geografia Humana, 1940-1955, quando é eleito deputado federal), Lucy de Abreu (Geografia Humana, assistente desde 1943, assumindo a disciplina após 1955), Carlos Delgado de Carvalho (catedrático de Geografia do Brasil, 1939-1942, e catedrático de História Moderna e Contemporânea, após 1943-1955, aposentado por limite de idade), Wanda de Mattos Cardoso Torok (Geografia do Brasil, 1941, assistente até 1945, quando é transferida para a cadeira de Sociologia), Hilgard O'Reilly Sternberg (catedrático de Geografia do Brasil, 1944), Maria do Carmo Galvão (Geografia do Brasil, assistente desde 1951), Victor Marie Lucien Tapié (História Moderna e Contemporânea, professor francês contratado entre 1941-1943), Antoine Bon (professor francês contratado de História da Antigüidade e da Idade Média, 1941-1945), Eremildo Viana (História da Antigüidade e da Idade Média, assistente de Antoine Bon, 1941; em 1945 assume a cátedra), Maria Therezinha Segadas Soares (História da Antigüidade e da Idade Média, assistente desde 1946, passando para a cadeira de Geografia Humana após 1950), Hélio Viana (catedrático de História do Brasil, 1939/40), Silvio Júlio de Albuquerque Lima (catedrático de História da América, 1941), Francis Ruellan (professor francês contratado de Geografia, 1941-1956), Arthur Ramos de Araújo Pereira (catedrático de Antropologia e Etnografia 1941-1949, ano de sua morte; foi substituído por sua assistente, Marina Vasconcelos), Marina São Paulo Vasconcelos (Antropologia e Etnografia, assistente desde 1941) e Antero Manhães (História Moderna e Contemporânea, assistente 1940-1953, ano de sua morte).[31]

Outros nomes da Geografia brasileira também lecionaram na Universidade do Brasil. Eram profissionais vinculados a outras instituições, os quais, por períodos intercalados, ministravam cursos de curta duração, tanto da própria grade curricular quanto de complementação profissional. São eles: Christóvam Leite de Castro (Curso de Cartografia 1947-1950), Jorge Zarur (cursos de Geografia Regional e Cartografia, 1951-1955. Zarur faleceu em fevereiro de 1957), Fábio de Macedo Soares (Curso de Geografia Física, 1948, e Geografia Regional Americana, 1949). Todos três, além de formados em Geografia pela UDF, ocupavam cargos importantes no IBGE. Também do IBGE era Héldio Lenz Cesar (cursos de Cartografia e Fotogrametria Aérea, 1947-1957). Nesse mesmo período lecionaram na Universidade os estrangeiros Lynn Smith, Pierre Dansereau (1946), Max Sorre (1947), Preston James (1949), Lucien Febvre (conferências, 1949), Pierre Deffontaines (1952, 1953 e 1956) e Carl Troll (1953 e 1956).[32]

---

[31] Esse quadro de professores foi montado a partir dos trabalhos de FÁVERO, 1989a, p.35-46, FÁVERO, 1989b, p.40-46 e p.124-127 do Memorial Maria do Carmo GALVÃO, 1993, p.21, do depoimento LINHARES, 1992a e do documento PROEDES/UFRJ - UNIVERSIDADE DO BRASIL. Livro de Horários de 1942-1951 e 1953.

[32] PROEDES/UFRJ - UNIVERSIDADE DO BRASIL: Ata do Conselho Departamental de 8 de Janeiro de 1946; Ata do Conselho Departamental de 26 de abril de 1946; Ata do Conselho Departamental de 11 de julho de 1946; Ata do Conselho Departamental de 13 de

Embora sempre mais voltado à história, Carlos Delgado de Carvalho foi o único professor do corpo docente do curso de Geografia da UDF que integrou o novo grupo de professores da Universidade do Brasil. Até 1955, destacavam-se, principalmente por suas atuações na própria universidade, os catedráticos Josué de Castro, Victor Leuzinger e Hilgard O'Reilly Sternberg, diretamente vinculados à Geografia. Dentre eles, Josué de Castro era o que possuía maior influência e visibilidade fora do cenário acadêmico, uma expressão que vai sendo delineada no final dos anos 40 e início dos anos 50.

O período que se estende de 1939 a 1955 foi crucial para a Geografia na universidade, cujo campo científico-disciplinar assumiu contornos definitivos, não apenas com relação à grade curricular, mas, sobretudo, com referência à composição e formação de seu corpo docente. É nesse intervalo de tempo são contratados os primeiros assistentes, alunos convidados pelos catedráticos, que, em conjunto com os próprios catedráticos, vão dar organização e prosseguimento ao curso. Maria Luíza Fernandes, assistente de Geografia Física escolhida pelo professor Victor Leuzinger; Lucy de Abreu, assistente de Geografia Humana convidada pelo professor Josué de Castro; e Maria do Carmo Galvão, assistente de Geografia do Brasil selecionada pelo professor Hilgard Sternberg, darão

---

junho de 1948; Ata do Conselho Departamental de 02 de agosto de 1949; Ata do Conselho Departamental de 29 de janeiro de 1952; Ata do Conselho Departamental de 4 de novembro de 1952; Ata do Conselho Departamental de 28 de fevereiro de 1961. PROEDES/UFRJ - UNIVERSIDADE DO BRASIL: Ata da Congregação de 24 de dezembro de 1947; Ata da Congregação de 20 de junho de 1949; Ata da Congregação de 23 de março de 1950; Ata da Congregação de 14 de dezembro de 1951; Ata da Congregação de 1º de dezembro de 1952; Ata da Congregação de 9 de dezembro de 1953; Ata da Congregação de 15 de dezembro de 1953; Ata da Congregação da reunião extraordinária de 23 de dezembro de 1954; Ata da Congregação de 24 de outubro de 1955; Ata da Congregação de 14 de novembro de 1955; Ata da Congregação de 22 de novembro de 1955; Ata da Congregação de 21 de setembro de 1956; Ata da Congregação de 22 de março de 1957. PROEDES/UFRJ - UNIVERSIDADE DO BRASIL: Portaria 55, de 30 de setembro de 1952; Portaria 42, de 19 de novembro de 1964; Portaria 4, de 29 de janeiro de 1947.

continuidade ao trabalho iniciado por seus antecessores.[33] De fato, a partir de 1955, a Geografia, além de estabelecer suas bases de trabalho, passa a contar com indivíduos formados dentro de seu campo científico e pela própria instituição. Esses novos profissionais serão os responsáveis pelo desdobramento das atividades acadêmico-institucionais e intelectuais da Geografia.

Sob orientação dos catedráticos, especialmente Victor Leuzinger e Hilgard Sternberg, incorporam-se novos nomes ao quadro docente da Geografia, no seu segundo período, de 1955 a 1968. Assim, lecionam no curso os professores Bertha Koiffmann Becker, assistente de Geografia do Brasil, convidada pelo professor Hilgard Sternberg, em 1957; Maria Helena de Castro Lacorte, também para Geografia do Brasil, em 1959; Marina Del Negro Coque de Santana, Geografia Humana, em 1960, possivelmente convidada por Lucy de Abreu; e Jorge Xavier da Silva, assistente de Geografia Física, convidado por Maria Luiza Fernandes, em 1965.[34] Em 1968, foram indicados mais onze professores, dentre eles, Dieter Carl H. Mueme, para a Geografia Física e Lia D. Osório, para a Geografia do Brasil.[35]

---

[33] Com relação à seleção dos assistentes, um fato curioso chamou a atenção durante a análise dos documentos recolhidos e investigados. Josué de Castro selecionou como assistente Lucy de Abreu após seu afastamento da universidade, para atuação política como deputado federal, em 1955. Lucy de Abreu esteve politicamente vinculada ao professor Eremildo Viana, historicamente uma pessoa com posições políticas opostas às de Josué de Castro e bastante criticada por seus colegas da universidade, como por exemplo Maria Yedda Linhares. Parece que a vaga de assistente estava ocupada por Décio de Abreu, irmão de Lucy de Abreu, que depois se tornaria professor da Escola de Comunicação. Entretanto, por problemas financeiros advindos da morte de seu pai, Décio de Abreu, para sustentar as irmãs e a mãe, passou a vaga para Lucy de Abreu, que acabou se aposentando como titular da cadeira (ABREU, Décio de, 1992; LINHARES, M.Y., 1992a; BECKER, B., 2001; GEIGER, P., 2001).

[34] PROEDES/UFRJ - UNIVERSIDADE DO BRASIL: Portaria n.13, de 19 de maio de 1965; Ata da congregação de 28 de fevereiro de 1957; Ata da reunião extraordinária realizada em 9 de junho de 1959; Portaria n.15, de 22 de fevereiro de 1960; Ata da congregação de 27 de outubro de 1966 (aprovada a concessão do tempo integral para profs. do Departamento de Geografia na cadeira de Geografia Humana: profs. Lucy Abreu Rocha Freire, Maria Therezinha de Segadas Soares e Marina Del Negro SantAnna. Na cadeira de Geografia Física: profs. Maria Luiza e Jorge Xavier da Silva. Na de Geografia do Brasil: profs. Maria do Carmo Galvão, Bertha Becker e Maria Helena Castro Lacorte).

[35] PROEDES/UFRJ - UNIVERSIDADE DO BRASIL: Ata da Congregação de 22 de dezembro de 1967.

Nesse segundo período aparecem também os professores contratados, profissionais ligados a outras instituições, principalmente ao IBGE, que prestam serviços temporários à Universidade do Brasil, como Lysia Maria Cavalvante Bernardes (História das Explorações Geográficas, 1960, e Geografia Regional, 1962); Fábio Macedo Soares Guimarães (Geografia Regional Americana, 1964); Alfredo José Porto Domingues e Ângelo Dias Maciel (Geografia Física, 1967); e Orlando Ribeiro, catedrático da Universidade de Lisboa (cursos de aperfeiçoamento e de extensão universitária de Geografia Regional, 1962). [36]

c) AS CONTRIBUIÇÕES INTELECTUAIS E ARTICULAÇÕES INSTITUCIONAIS DOS SEUS PRINCIPAIS DOCENTES

Partindo do grupo de professores que participou da história da Geografia na então Universidade do Brasil, é possível agora apresentar e destacar aqueles que legaram maior contribuição especificamente no período de 1939 a 1968, através de suas atuações institucionais ou produções intelectuais. São eles: Victor Leuzinger, Josué de Castro, Carlos Delgado de Carvalho, Hilgard O'Reilly Sternberg, Francis Ruellan, Maria do Carmo Galvão e Maria Therezinha Segadas.[37]

A colaboração de Victor Ribeiro Leuzinger, engenheiro e catedrático de Geografia Física, parece ter sido realizada quase que exclusivamente no plano institucional, onde defendeu espaços essencialmente para a Geografia Física.[38] Leuzinger foi membro da

---

[36] PROEDES/UFRJ - UNIVERSIDADE DO BRASIL: Ata da Congregação do dia 22 de dezembro de 1967; Portaria n.8, de 20 de janeiro de 1960; Portaria n. 6, de 30 de março de 1962; Portaria n.16, de 25 de abril de 1962; Portaria 42, de 19 de novembro de 1964.

[37] Outros nomes que aparecem nesse momento só passarão a exercer atuações importantes na Geografia dos anos 70 em diante, como por exemplo Bertha Becker e Jorge Xavier da Silva, conforme será visto mais à frente.

[38] Nenhum documento foi encontrado sobre a indicação e nomeação de Victor Leuzinger para a Universidade do Brasil. Apenas uma lista de nomes, na qual Leuzinger aparece

Congregação, diretor da FNFi e chefe do Departamento de Geografia. Viabilizou não apenas a matriz da Geografia Física, mas também vários contratos de profissionais do IBGE e concursos para efetivação de professores da própria Universidade. Possibilitou o direcionamento de verbas para congressos, principalmente para o XVIII Congresso Internacional de Geografia, realizado no Rio de Janeiro em 1956, viagens de trabalho, cursos diversos e para o Centro de Estudos do Brasil, organizado em 1952 por Hilgard Sternberg.[39]

Josué de Castro, que fora professor de Antropologia Física no Curso de Sociologia e Ciências Sociais (1935-1937) e da cadeira de Geografia (1938) na UDF, é nomeado catedrático de Geografia Humana na FNFi em 1940, exercendo ativamente a função docente até final de 1954, quando é eleito deputado federal por Pernambuco, pelo PTB.[40] Não obstante seu vínculo com a universidade só ter

---

solicitando a vaga de Geografia Física. A solicitação ao governo Vargas foi feita por carta pelo próprio Leuzinger, um procedimento também utilizado por outros interessados na Universidade. Em geral, nessas cartas constavam as experiências anteriores como professor e profissional e a competência para o cargo em questão. Muitas apresentavam currículos dos candidatos; algumas, bilhetes de apresentação. (Com relação ao processo de contratação para a FNFi ver OLIVEIRA, 1995, p. 252-254).

[39] (PROEDES/UFRJ - UNIVERSIDADE DO BRASIL: Ata da Congregação, reunião extraordinária de 24 de novembro de 1945; Ata da Congregação de 27 de dezembro de 1955; Ata da Congregação de 14 de agosto de 1956; Ata da Congregação de 22 de março de 1957; Ata do Conselho Departamental de 1º de fevereiro de 1951; Ata do Conselho Departamental de 9 de setembro de 1952; Ata do Conselho Departamental de 24 de novembro de 1953; Ata do Conselho Departamental de 19 de dezembro de 1955). Com relação à produção intelectual, apenas um artigo de autoria Hilgard Sternberg foi encontrado na Revista Brasileira de Geografia, em 1947, intitulado *Plainos e peneplanos*. Maria Yedda Linhares, em depoimento publicado pela Revista Estudos Históricos, tece críticas severas ao trabalho intelectual e à postura política de Leuzinger, principalmente no período da ditadura militar (LINHARES, 1992b, p. 219.)

[40] Josué de Castro foi eleito deputado federal por dois mandatos 1954-1958 e 1958-1962, pelo então Partido Trabalhista Brasileiro, partido historicamente vinculado à política getulista e apoiado pelos socialistas, comunistas e cristãos. Na realidade, segundo Glaucio Soares, 2001, o PTB não foi obra dos trabalhadores nem dos sindicalistas. Inicialmente o partido tentou incorporar a liderança sindical, mas dentro da perspectiva estadonovista, o que se refletiu na presença do Estado, por um lado, e na falta de autonomia dos sindicatos, por outro. Em pouco tempo os líderes sindicais perderam espaço e a direção do partido passou às mãos de políticos tradicionais particularmente ligados a Vargas. O decréscimo do poder

sido realmente rompido em 1964, quando vai para o exílio, sua atuação na instituição compreende o período de 1940 a 1955, de acordo com a documentação analisada. Apesar de ser formado em Medicina e Filosofia, Josué de Castro não irá lecionar na Universidade do Brasil disciplinas desses campos de conhecimento. Buscando se dedicar ao estudo da Antropologia, ele encaminha ao Ministro Gustavo Capanema uma carta de próprio punho, na qual solicita sua entrada na Universidade do Brasil e expõe suas intenções.

> (...) Como é talvez do conhecimento de V. Excia. fui durante os anos de 1935, 1936 e 1937 professor de Antropologia da Universidade do Distrito Federal, tendo sido indicado para este cargo pelo prof. Roquette Pinto. Em 1938, foi porém, de acordo com a reforma desta Universidade, suprimida a cadeira de Antropologia, tendo o então Reitor processado a minha transferência para a cadeira de Geografia na situação menos interessante de professor-adjunto. Atendendo aos meus protestos, recebi posteriormente do novo Reitor a promessa categórica de ser restabelecida a minha cadeira de Antropologia (....). Baseado nesta promessa, aproveitei os quatro mezes de minha estadia na Europa para aperfeiçoar os meus conhecimentos nesta disciplina (...). De regresso ao Brasil, fui surpreendido com as novas disposições de lei, pelas quais a Universidade do Distrito Federal deverá ser extinta. Verifiquei, porém, com prazer que na Escola de Filosofia, Ciências e Letras faz parte de seu curriculum uma cadeira de Antropologia e Etnografia. Esta verificação me leva a preparar-me com entusiasmo para um futuro concurso. Como, entretanto, segundo o regulamento publicado, os primeiros preenchimentos das cadeiras serão por contrato, venho submeter a apreciação de V. Excia. esta minha aspiração a reger esta Cadeira na qual poderia continuar as pesquizas

---

dos trabalhadores começou em 1947, de modo que a participação de trabalhadores e sindicalistas durou muito pouco. Em 1950 já não havia mais líderes sindicais nem trabalhadores na bancada federal do DF e de outros estados. Os diretórios estaduais e as bancadas federais passam a ser dominados por pessoas de classe média, profissionais liberais, muitos dos quais estiveram vinculados ao Estado Novo. Foi também um partido fortemente marcado por estilos personalistas de Getúlio Vargas, João Goulart e Leonel Brizola (SOARES, 2001, p.110-136).

a que há tempo me venho dedicando no estudo da raça, dos biotipos, do crescimento, da nutrição e de outros aspectos da antropologia brasileira. (...).[41]

Enfatizando esse pedido, Carlos Drumond de Andrade envia um bilhete, em 13 de abril de 1939, ao também Ministro Capanema, pedindo a contratação de Josué de Castro para a cadeira de Antropologia e Etnografia da FNFi[42]. Sua nomeação, entretanto, só ocorre em 1940, mas para a cátedra de Geografia Humana, em substituição a André Gibert, que retorna à França[43]. Josué de Castro compõe o quadro docente da FNFi não apenas em função de seu trabalho intelectual, já reconhecido naquele momento, mas sobretudo por suas articulações políticas com o governo Getúlio Vargas.[44]

Atuante na Universidade, Josué de Castro foi membro do Conselho Departamental e chefe do Departamento de Geografia,

---

[41] (PROEDES/UFRJ - UDF - Documento n. 125, pasta 012, Carta de Josué de Castro para Capanema, 11 de abril de 1939).

[42] (FÁVERO, 1989b, p.71). As correspondências de Carlos Drummond de Andrade enviadas à Capanema mostram a estreita relação de amizade entre ambos, podendo ser conferidas em SCHWARTZMAN, Simon et allii, 2000, p.290-296.

[43] (FÁVERO, 1989c, p.76). A cadeira de Antropologia e Etnografia estava sendo também solicitada para Arthur Ramos, por Heloísa Alberto Torres, então diretora do Museu Nacional, pessoa bastante influente à época. Arthur Ramos acaba assumindo a cátedra de Antropologia e Etnografia (FÁVERO, 1989b, p.71 e FÁVERO, 1989a, p.39). Sobre o trabalho e a atuação de Arthur Ramos na FNFi ver o estudo de Luitgarde Oliveira Cavalcante Barros, intitulado *Arthur Ramos e as dinâmicas sociais de seu tempo*, 2000.

[44] Até 1940 Josué de Castro já havia produzido um total de dez publicações, a saber: *O Problema da Alimentação no Brasil*. Companhia Editora Nacional, São Paulo/Rio de Janeiro, 1933 (Col. Brasiliana); *Problema Fisiológico da Alimentação no Brasil*. Editora Imprensa Industrial, Recife, 1932; *Condições de Vida das Classes Operárias do Recife*. Departamento de Saúde Pública, Recife, 1935; *Alimentação e Raça*. Editora Civilização Brasileira, Rio de Janeiro, 1935; "Therapeutica Dietética do Diabete." In: *Diabete*. Livraria do Globo, Porto Alegre, 1936. p.271-294; *Documentário do Nordeste*. Livraria José Olympio, Rio de Janeiro, 1937; *A Alimentação Brasileira à Luz da Geografia Humana*. Livraria do Globo, Rio de Janeiro, 1937; *Fisiologia dos Tabus*. Editora Nestlé, Rio de Janeiro, 1939. *Geografia Humana*. Livraria do Globo, Rio de Janeiro, 1939. *Alimentazione e Acclimatazione Umana nel Tropici*, Milão, 1939.

no final dos anos 40 e início dos anos 50[45]. Na década de 40, principalmente com a publicação, em 1946, de seu livro Geografia da Fome, ele já possuía visibilidade internacional, recebendo convites oficiais de diversos países para discutir problemas da fome e da nutrição, como Itália (1939), Argentina (1942), Estados Unidos (1943), República Dominicana, México (1945) e França (1947). Em 195, publica *Geopolítica da Fome* e assume, em 1952, a presidência do Conselho da Organização para Alimentação e Agricultura das Nações Unidas, sendo contemplado, em 1955, com o Prêmio Internacional da Paz.[46] De 1955 em diante, Josué de Castro se ausenta da universidade e parte para a atuação intensiva na arena política nacional e internacional. Preocupando-se com as disparidades sócioespaciais, chamando a atenção principalmente para a temática da fome no Brasil e no mundo, a qual é transformada em fato político, sua contribuição transcende a Geografia e o circuito universitário brasileiro, passando sua capacidade intelectual e sua a expressão política a ser mundialmente reconhecidas.

As indicações e homenagens recebidas por Josué de Castro, ao longo desses quinze anos na Universidade, são comentadas e elogiadas nas reuniões da Congregação e do Conselho Departamental da FNFi. Contudo, em 1954 e 1955, oposições começam a se tornar evidentes dentro da Faculdade, fato que pode ser sentido, por exemplo, pela análise da Ata da Congregação de 24 de maio de 1955. Nesse documento os professores Hilgard Sternberg e Nilton Campos se abstêm de parabenizar Josué de Castro pelo Prêmio Internacional da Paz, por ele recebido.

---

[45] PROEDES/UFRJ - UNIVERSIDADE DO BRASIL: Ata do Conselho Departamental de 13 de junho de 1948; Ata do Conselho Departamental de 26 de julho de 1949.

[46] Informações retiradas da página http://www.jousedecastro.com.br, realizada a partir de um convênio firmado entre Fundação Brasileira para a Conservação da Natureza e Ministério da Saúde.

Em várias oportunidades, tenho prestado as minhas modestas homenagens à cintilante inteligência do Professor Josué de Castro e disto é testemunho, por exemplo, o livro de atas desta Congregação. Reitero, neste momento, minhas homenagens a essa inteligência que tem levado meu eminente colega de Departamento a ocupar lugares de invulgar destaque no cenário nacional e internacional. Mas sou compelido, por um dever inelutável de consciência, a abster-me de votar o assunto em tela - e isto por me julgar insuficientemente esclarecido sobre as finalidades e vínculos da instituição que lhe concedeu o mais recente dos numerosos prêmios que focalizam sua obra. (Hilgard Sternberg)

Declaro que me abstenho de votar considerando que a própria Câmara dos Deputados decidiu aguardar o pronunciamento da Comissão de Diplomacia antes de apoiar a manifestação congratulatória do professor Josué de Castro.[47] (Nilton Campos)

Embora o alcance de sua atuação tenha extrapolado o campo de saber da Geografia, Josué de Castro colaborou para a modernização e difusão da ciência geográfica brasileira. Em 1947, ele defendia para a Geografia um ensino universitário moderno, o que implicava ir além da pura descrição e enumeração dos fenômenos naturais e culturais presentes na superfície terrestre. Era necessário capacitar os estudantes à classificação científica dos fenômenos, objetivando a construção de explicações das diferenças espaciais existentes no território nacional. Para tanto, o ensino teórico e as atividades práticas eram fundamentais. A aspiração de Josué de Castro centrava-se na formação de dois grupos de geógrafos brasileiros: um identificado com métodos pedagógicos e outro mais familiarizado com os métodos de indagação científica. Estes poderiam cooperar para a ampliação do conhecimento dos problemas brasileiros, uma vez que muitos

---

[47] PROEDES/UFRJ - UNIVERSIDADE DO BRASIL. Ata da Congregação de 24 de maio de 1955.

dos alunos saídos da Faculdade já tinham sido aproveitados pelo Conselho Nacional de Geografia.[48]

Carlos Delgado de Carvalho é nomeado inicialmente para a cátedra de Geografia do Brasil, por interesse presidencial.[49] Em 1942 é exonerado, possivelmente em função da lei de desacumulação de cargos, retornando em 1945, para a cadeira de História Moderna e Contemporânea.[50] Na realidade, a contribuição de Delgado de Carvalho à Geografia brasileira não vai ser desenvolvida na universidade. Seu vínculo foi estabelecido através da História e das atividades institucionais concernentes a esse campo de saber. Ele exerceu a função de chefe do departamento de História de 1946 a 1952.[51]

Como membro do Diretório Central do Conselho Nacional de Geografia, (CNG) Delgado de Carvalho teve veiculada sua produção intelectual, nos anos 40 e 50, tanto na Revista Brasileira de Geografia quanto no Boletim Geográfico, uma produção dedicada especificamente à Geografia do Brasil e à Metodologia da Geografia.[52] Embora não atuando diretamente com a Geografia

---

[48] FÁVERO, 1989d, p.17-18.

[49] Delgado de Carvalho compunha a lista de professores, de interesse presidencial, que deveria fazer parte do corpo docente da FNFi (SCHWARTZMAN, Simon et allii, 2000, p.233).

[50] A Ata do Conselho Técnico Administrativo de 9 de abril de 1943 indica a nova contratação de Delgado de Carvalho a partir do parecer do Departamento Administrativo do Serviço Público (DASP). "Seja arquivado o processo n. 1483/43 depois de cientificados os alunos, nele interessados, de que a reconsideração do parecer anterior do DASP, que proibia os professores efetivos em outros estabelecimentos, o exercício da cátedra interina, na Faculdade Nacional de Filosofia, deverá o Prof. Delgado de Carvalho voltar a desempenhar as funções de catedrático interino da cadeira de História Moderna e Contemporânea".

[51] PROEDES/UFRJ - UNIVERSIDADE DO BRASIL: Ata da Congregação do dia 07 de dezembro de 1946; Ata do Conselho Departamental de 16 de março de 1948; Ata do Conselho Departamental de 15 de dezembro de 1952.

[52] Da obra de Delgado de Carvalho publicada pelo IBGE nos anos 40 e 50 destacam-se: "O Rio Amazonas e sua bacia". Revista Brasileira de Geografia. Rio de Janeiro: IBGE, v.4, n.2, abr./jun. 1942, p. 333-352; "Geografia e Estatística". Boletim Geográfico. Rio de Janeiro: CNG/IBGE, ano I, maio de 1943, n.2, p.9-18; "O que é Geografia Humana". Boletim Geográfico. Rio de Janeiro: CNG/IBGE, ano I, junho de 1943, n.3, p.13-17; "Ensino da Geografia no Curso de Humanidades". Boletim Geográfico. Rio de Janeiro: CNG/IBGE, ano I, janeiro de 1944, n.10, p.7-13. Boletim Geográfico. Rio de Janeiro: CNG/IBGE, ano

universitária, sua associação ao CNG permitiu estabelecer vínculos entre a Universidade e o IBGE, possibilitando a realização de cursos de férias de Geografia do Brasil, com apoio financeiro do próprio CNG, entre os anos de 1946 a 1950, e de contratos de profissionais do IBGE para lecionarem Geografia e Cartografia na Universidade, em 1951. Delgado de Carvalho representou a Geografia pela Faculdade em diversas ocasiões, como no X Congresso Brasileiro de Geografia, no Congresso Pan-Americano de Geografia e Cartografia, ambos em 1944, e no preparo do Congresso Internacional de Geografia da UGI, em 1956.[53] Teve como assistente, a partir de 1944, Maria Yedda Leite Linhares, que em 1954 o substitui e assume a cátedra de História Moderna e Contemporânea.[54]

Hilgard O'Reilly Sternberg (1917) foi aluno do Curso de Geografia da UDF, tendo ingressado na Faculdade em 1938.[55] Em 1940, ainda no terceiro ano do curso de Geografia e História da FNFi, foi autorizado pelo Conselho Nacional de Educação a reger a disciplina de Geografia Física do Instituto Santa Úrsula, sendo investido, também nesse mesmo ano, no cargo de professor das Faculdades Católicas.[56] Em 1943, ingressa na FNFi como professor

---

II, outubro de 1944, n.19, p.981-984. "A evolução da Geografia Humana". Boletim Geográfico. Rio de Janeiro: CNG/IBGE, ano III, dezembro de 1945, n.33, p.1163-1172. "Contribuição à didática da Geografia: as ciências sociais e a aprendizagem". Boletim Geográfico. Rio de Janeiro: CNG/IBGE, ano X, março-abril de 1952, n. 107, p.232-235.

[53] PROEDES/UFRJ - UNIVERSIDADE DO BRASIL: Ata da Congregação de 21 de outubro de 1946; Ata do Conselho Departamental de 15 de julho de 1947; Ata da Congregação de 14 de dezembro de 1951; Ata do Conselho Departamental de 22 de novembro de 1950; Ata do Conselho Departamental de 15 de julho de 1947; Ata do Conselho Departamental de 8 de março de 1948; Ata do Conselho Departamental de 25 de novembro de 1952; Ata do Conselho Departamental de 29 de junho de 1952; Portaria n.39, 3 de agosto de 1944.

[54] PROEDES/UFRJ - UNIVERSIDADE DO BRASIL: Portaria n. 34, 22 de julho de 1944; Ata da Congregação, reunião extraordinária realizada no dia 18 de outubro de 1954.

[55] PROEDES/UFRJ - UDF – Documento n. 57, pasta 006, Carta do prof. Pierre Deffontaines a Odette Toledo, Paris, 01 de janeiro de 1939.

[56] (SIOLI, Harald, 1998, p.xiii). A vinculação de Sternberg às então Faculdades Católicas pode ser vista como um indício de sua aproximação com a vertente católica da educação, levada à frente principalmente pelo conservador Alceu Amoroso Lima.

assistente de Geografia do Brasil, possivelmente para cobrir a ausência de Delgado de Carvalho, que havia sido exonerado. No final de 1944, Sternberg é designado professor catedrático interino dessa cadeira, ao passo que Wanda de Mattos Cardoso Torok, outra assistente da disciplina, é transferida em 1945 para a cadeira de Sociologia.[57]

Contemplado em 1943 com uma bolsa, para estudar com o prof. Carl Sauer na Universidade da Califórnia, em Berkeley, Hilgard Sternberg reforça a apreciação pela abordagem homem-meio, com a qual entrou em contato a partir das aulas de Deffontaines na UDF. Nesse mesmo ano, estuda com o professor Richard J. Russel, na Universidade de Louisiana, e desenvolve um trabalho sobre a planície de inundação do Rio Mississípi, tema de sua tese de doutoramento, que tem como enfoque a geomorfologia aluvial, abordagem que mais tarde orientará suas investigações sobre o contexto amazônico.[58] Sternberg retorna ao Brasil em finais de 1944, para assumir a cátedra interina de Geografia do Brasil, após receber, durante sua estada na América do Norte, voto de louvor da FNFi pela sua atuação profissional.[59]

Como um dos produtos de seu trabalho nos Estados Unidos, Hilgard Sternberg publica pela Imprensa Oficial, em 1946, o livro Contribuição ao Estudo da Geografia, com prefácio de Pierre Deffontaines.[60] Nele são tratados temas relativos à metodologia da Geografia, como os trabalhos de campo, as técnicas e materiais pedagógicos para o moderno ensino universitário e a implementação

---

[57] PROEDES/UFRJ - UNIVERSIDADE DO BRASIL: Ata do Conselho Técnico da sessão extraordinária realizada em 25 de junho de 1943; Ata do Conselho Técnico de 7 de agosto de 1945; Ata da seção da Congregação de 18 de dezembro de 1944; Portaria n. 72, de 29 de novembro de 1944; Portaria n.42, de 23 de julho de 1945.
[58] SIOLI, Harald, 1998, p.xiii-xiv.
[59] PROEDES/UFRJ - UNIVERSIDADE DO BRASIL: Ata do Conselho Técnico da sessão extraordinária realizada em 25 de junho de 1943.
[60] STERNBERG, Hilgard, 1946.

de laboratório para o desenvolvimento da pesquisa. As idéias apresentadas nesse livro serão orientadoras da conduta profissional de Sternberg na universidade. Várias excursões de pesquisa e ensino pelo Brasil são por ele organizadas juntamente com professores e equipes de alunos, assim como publicações sobre a realidade espacial brasileira, principalmente no período de 1945 a 1951[61]. É também por ele implementado o primeiro laboratório de pesquisa em Geografia na Universidade, em 1952, o Centro de Pesquisas de Geografia do Brasil (CPGB), um órgão anexo à sua disciplina, Geografia do Brasil, e vinculado diretamente à reitoria. O CPGB teve apoio da própria Universidade e da Fundação Rockefeller.

É preciso lembrar que naquele momento o país passava por um grande processo de americanização cultural iniciado desde a década de 1940, como resultado da política de aproximação do Governo Roosevelt, que via o Brasil como parceiro imprescindível do hemisfério sul. Assim, após a Segunda Guerra, as relações culturais entre Brasil e Estados Unidos se intensificam, e diversos investimentos são realizados para o desenvolvimento da cultura e da ciência no

---

[61] Em 1945 Hilgard Sternberg e Lynn Smith vão para a região do São Francisco (PROEDES/ UFRJ - UNIVERSIDADE DO BRASIL. Portaria n.42, de 23 de julho de 1945); em 1946 Sternberg organiza excursão para o sul do Brasil (PROEDES/UFRJ - UNIVERSIDADE DO BRASIL. Portaria n.7, de 8 fevereiro de 1946); em 1948, para a Amazônia (PROEDES/ UFRJ - UNIVERSIDADE DO BRASIL. Portaria n.26, de 31 de maio de 1948); em 1951, para o nordeste (PROEDES/UFRJ - UNIVERSIDADE DO BRASIL. Portaria n.51, de 21 de junho de 1951). Em 1946 T. Lynn Smith, professor de sociologia da Universidade de Louisiana, ministra o curso de estudos populacionais na FNFi. Lynn Smith era um dos sociólogos mais ativos no desenvolvimento de pesquisas dos problemas sociais americanos. Em uma de suas muitas viagens para a América Latina, aceita o convite do professor Hilgard Sternberg para dar um curso de extensão universitária sobre análise das populações, tema tratado na cadeira de Geografia do Brasil. Apesar de visar principalmente aos geógrafos e professores de Geografia, esse curso é aberto aos diferentes especialistas das ciências sociais. Nele foram apresentadas algumas técnicas estatísticas, especificamente aquelas empregadas na análise das populações, muitas das quais foram criadas ou aperfeiçoadas pelo próprio Smith no Institute for Population Research da Universidade do Estado de Louisiana. (SMITH, T. 1950). Em 1949 José Fernando Carneiro, médico formado pela Faculdade Nacional de Medicina, aceita o convite de Hilgard Sternberg para participar do ciclo de conferências promovido pela Cadeira de Geografia do Brasil, sobre Migração e Colonização no Brasil, cujas aulas são publicadas em 1950 (CARNEIRO, J.F.D., 1950).

país.⁶² Como parte do projeto de americanização, a Fundação Rockfeller, da conhecida família de multimilionários proprietária da Standard Oil Company, empresa presente em vários países da América Latina e que havia apoiado a reeleição de Roosevelt para presidente, acaba fomentando projetos científicos e culturais para a Universidade do Brasil.⁶³ A Geografia, por meio da figura de Hilgard Sternberg, usufruirá desse apoio, que irá propiciar uma infra-estrutura mínima para a implantação do Centro de Pesquisa em Geografia do Brasil (CPGB).

Nos primeiros dez anos, o CPGB desenvolveu suas atividades elaborando, inicialmente, um Relatório Interdisciplinar sobre a Conservação da Natureza no Brasil, por solicitação da Associação Internacional de Proteção à Natureza, sediada em Bruxelas; e logo a seguir assumindo como projeto a Biblioteca Cartográfica e a Bibliografia Geográfica do Brasil, cuja publicação passou a representar valioso elemento de intercâmbio com pesquisadores de outras instituições de pesquisa nacionais e estrangeiras.⁶⁴

A importância do trabalho de Sternberg⁶⁵ e das atividades desenvolvidas pelo CPGB para a Geografia na universidade é

---

⁶² TOTA, A.P., 2000, p.16-40.

⁶³ Para o aprofundamento da história das origens da americanização do Brasil ver Antonio Pedro Tota, 2000.

⁶⁴ (Anuário do Instituto de Geociências da UFRJ, 1995, p. 81-82). Conforme levantamento realizado na Biblioteca Nacional, são publicados pelo CPGB seis números de séries bibliográficas e cartográficas, de 1951 a 1956. Essas publicações apresentam o material registrado e colhido pelo CPGB, através de consultas às mapotecas do Conselho Nacional de Geografia, do Serviço Geográfico do Exército e da Diretoria de Hidrologia e Navegação do Ministério da Marinha. Os elementos cartográficos estão classificados de acordo com a então divisão oficial do país em regiões, para fins estatístico-administrativos (IBGE). Dentro de cada uma delas, os títulos aparecem organizados em ordem alfabética. O trabalho foi executado com patrocínio do CNPq, sob supervisão de Hilgard Sternberg e de Maria do Carmo Galvão (Ver CPGB, Série Bibliográfica, 1951, 1952, 1953, 1954, 1955, 1956).

⁶⁵ A produção intelectual de Sternberg pode também ser conferida na Revista Brasileira de Geografia, no período de 1948 a 1957. Para a análise desses trabalhos ver: STERNBERG, Hilgard O'Reilly: "Enchentes e movimentos coletivos do solo no vale do Paraíba em dezembro de 1948 – Influência da exploração destrutiva das terras". Revista Brasileira de Geografia.

reafirmada em entrevista realizada com as professoras Maria do Carmo Galvão e Bertha Becker. Pela sua riqueza documental, vale a pena reproduzir aqui duas passagens dessa entrevista.

O CPGB foi realmente um Centro de Pesquisas sobre o Brasil. Os primeiros trabalhos realizados foram sobre a flora e fauna brasileiras, sobre as condições das riquezas naturais do país, com parceria dos professores estrangeiros. Foi uma experiência de pesquisa única na Geografia, de iniciativa do professor Sternberg. Com apoio da Fundação Rockefeller, através do representante da Agricultura, que era muito amigo do Sternberg, o CPGB conseguiu recursos importantes, caminhonetes e os primeiros equipamentos para fazer o levantamento de campo. O CPGB possibilitou a montagem de uma biblioteca que foi o ponto inicial da Biblioteca do Programa de Pós-graduação. Infelizmente, com a ida do professor Sternberg para os Estados Unidos, convidado pela Universidade da Califórnia, em Berkeley, em 1964, e a Reforma Universitária de 1968, o CPGB acabou esfacelando-se, até deixar de existir, no início dos anos 70, quando a pós-graduação havia então sido estruturada. Mesmo com o fim do CPGB, o grupo de Geografia do Brasil continuou trabalhando; faziam parte do CPGB eu, que em diversas ocasiões assumi a coordenação do Centro, Bertha Becker, Lia Osório Machado, Leila Dias e Ana Maria Bicalho, que era bolsista da Bertha. Foi um grupo realmente sólido, que manteve o trabalho, que manteve a pesquisa com as diversificações e as áreas de especialização, com suas linhas preferenciais de pesquisa, que foram consolidadas depois com a pós-graduação." (Maria do Carmo Galvão.)[66]

O Sternberg foi muito importante para a Geografia da Universidade porque ele se preocupou com a pesquisa organizada. Foi ele quem

---

Rio de Janeiro: IBGE, v.11, n.2, abr./jun. 1949. p. 223-262; "Vales tectônicos na planície amazônica?" Revista Brasileira de Geografia. Rio de Janeiro: IBGE, v.12, n.4, out./dez. 1950. p. 511-534; "Aspectos da seca de 1951 no Ceará". Revista Brasileira de Geografia. Rio de Janeiro: IBGE, v.13, n.3, jul./set. 1951. p. 327-369; "Meditações geográficas sobre a América". Revista Brasileira de Geografia. Rio de Janeiro: IBGE, v.13, n.4, out./dez. 1951. p. 612-613; "A propósito de meandros". Revista Brasileira de Geografia. Rio de Janeiro: IBGE, v.19, n.4, out./dez. 1957. p. 477-500.

[66] Depoimento de Maria do Carmo Galvão concedido em 05 de fevereiro de 2002.

implantou, digamos assim, a pesquisa na Geografia da Universidade do Brasil, através do CPGB. Foi ele quem criou o CPGB, que funcionava no nono andar, quase no último andar, como se fosse uma cobertura. Ele conseguiu espaço, dinheiro e apoio, tanto na instituição quanto na iniciativa privada. Conseguiu também para nós bolsas de pesquisas no CNPq, que havia também sido criado naquela época, em 1951. O Hilgard foi fundamental para a Geografia na UFRJ. Foi ele quem me convidou para entrar na Universidade.[67]

Desde sua entrada na universidade, como professor assistente, Sternberg recebeu das instâncias de poder decisório da instituição reconhecimento profissional, o que pode ser averiguado pela documentação analisada.[68] De fato, sua dedicação à causa geográfica

---

[67] Depoimento de Bertha Becker concedido em 06 de setembro 2001.

[68] PROEDES/UFRJ - UNIVERSIDADE DO BRASIL. Ata do Conselho Técnico da sessão extraordinária realizada em 25 de junho de 1943: congratulações ao assistente da Faculdade, Hilgard Sternberg, ora na América do Norte, em gozo de bolsa de estudos e que, conforme comunicação da Universidade de Lousinania, vem obtendo o primeiro lugar da sua turma. PROEDES/UFRJ - UNIVERSIDADE DO BRASIL. Ata do Conselho Técnico da Sessão realizada no dia 7 de agosto de 1945, elogio ao prof. Hilgard Sternberg pelo brilhante trabalho que desempenhou em sua recente viagem aos Estados Unidos. PROEDES/UFRJ - UNIVERSIDADE DO BRASIL. Ata da Congregação de 14 de novembro de 1951: congratulações ao prof. Sternberg pelo trabalho apresentado no Parlamento Nacional, sobre o problema da seca no Nordeste, em virtude do qual foi chamado à Câmara de Deputados para prestar informações. PROEDES/UFRJ - UNIVERSIDADE DO BRASIL. Ata da Congregação de 10 de março de 1952: congratulações ao prof. Sternberg pela brilhante atuação no Congresso de Geografia, realizado em Washington. PROEDES/UFRJ - UNIVERSIDADE DO BRASIL. Ata da Congregação de 11 de dezembro de 1953: congratulações ao prof. Sternberg, que fora recentemente designado membro da Academia Brasileira de Ciências. PROEDES/UFRJ - UNIVERSIDADE DO BRASIL. Ata da reunião ordinária realizada no dia 10 de julho de 1956: congratulações para Hilgard pelo trabalho que desempenha na Faculdade, especialmente no Curso de Geografia. PROEDES/UFRJ - UNIVERSIDADE DO BRASIL. Ata da Congregação de 14 de agosto de 1956: congratulações a Hilgard Sternberg pelo êxito do Congresso Internacional de Geografia e do Curso de Altos Estudos Geográficos. PROEDES/UFRJ - UNIVERSIDADE DO BRASIL. Ata da reunião do Conselho Departamental, efetuada em 25 de novembro de 1952: congratulações ao professor Sternberg, escolhido para a vice-presidência da UGI. PROEDES/UFRJ - UNIVERSIDADE DO BRASIL. Ata do Conselho Departamental de 02 de julho de 1957: congratulações ao prof. Sternberg, ora respondendo pelo expediente do Departamento de Geografia, pela publicação do primeiro volume de Bibliografia Geográfica, publicação do CPGB, e pela sua valiosa atuação no Colóquio Luso Brasileiro, acima indicado. PROEDES/

é inquestionável. Com uma formação sólida em Geografia e dominando o inglês e o alemão, ele implementou e desenvolveu a Geografia na Universidade. Entretanto não se pode desconsiderar o apoio que gozava dentro da própria instituição. Como ressalta Pedro Geiger, Hilgard Sternberg afinava-se politicamente com a elite intelectual que dominava a Universidade naquela época e viabilizava a realização de suas estratégias profissionais.[69]

Até 1955, aproximadamente, Sternberg foi um dos mais importantes responsáveis pela consolidação da infra-estrutura de ensino e pesquisa em Geografia na universidade, imprimindo ritmos e características peculiares. Participou das discussões tanto da estrutura curricular quanto dos rumos da investigação geográfica, apesar de a universidade ainda não apresentar, naquele momento, condições ideais de implementação de práticas de pesquisa. Estabeleceu vínculos com órgãos nacionais recém-criados, como o CNPq; com setores políticos, como a Câmara dos Deputados; com órgãos internacionais, como a União Geográfica Internacional; e com universidades americanas e alemãs, como a da Califórnia e Bonn, relações que são fortalecidas nos anos posteriores.[70]

UFRJ - UNIVERSIDADE DO BRASIL. Ata do Conselho Departamental de 17 de agosto de 1959: congratulação pela brilhante atuação do prof. Hilgard Sternberg na V Reunião Pan-Americana de consulta sobre Geografia, realizada recentemente em Quito. PROEDES/ UFRJ - UNIVERSIDADE DO BRASIL: Ata do Conselho Departamental de 4 de agosto de 1959: congratulações ao prof. Sternberg pela brilhante e recente atuação no meios culturais norte-americanos.
[69] Depoimento de Pedro Pinchas Geiger concedido em 31 de outubro de 2001. Rio de Janeiro. Segundo Geiger, Sternberg se aliou a Eremildo Viana, e por isso tinha muito espaço na Universidade.
[70] PROEDES/UFRJ - UNIVERSIDADE DO BRASIL. Ata do Conselho Departamental da reunião efetuada em 31 de novembro de 1951: exposição sobre o fenômeno da seca no Ceará à Comissão do Polígono das Secas, na câmara dos Deputados, observações colhidas pelo prof. Hilgard Sternberg em excursão ao Ceárá no mês de julho de 1951. PROEDES/ UFRJ - UNIVERSIDADE DO BRASIL. Ata da ongregação de 23 de dezembro de 1954: Sternberg foi convidado a participar das Reuniões Internacionais sobre os problemas das terras nos Estados Unidos, entre 26 de março e 4 de abril. PROEDES/UFRJ - UNIVERSIDADE DO BRASIL. Ata da congregação de 13 de setembro de 1955: o prof. Sternberg foi autorizado a ausentar-se do país, a fim de participar da Comissão Consultiva da UNESCO para o

Sternberg fez parte do Comitê de Pesquisas de Terras Áridas, na UNESCO, tendo sido o presidente do Comitê durante o ano de 1955. Foi o primeiro Vice-Presidente da União Geográfica Internacional, organizando o XVIII Congresso Internacional de Geografia, no Rio de Janeiro, em 1956, e, em seguida, no Departamento de Geografia da FNFi, um grande curso chamado "Altos Estudos Geográficos", que contou com a participação de Pierre Deffontaines, Pierre Mombeig, André Cailleux, Carl Troll.[71]

Além de sua ocupação principal na Universidade, Sternberg também exerceu, durante dez anos, o magistério do Instituto Rio Branco, do Ministério das Relações Exteriores. Em diversas ocasiões aceitou convites para realizar cursos como professor visitante em universidades e instituições de pesquisa fora do país, como por exemplo a Universidade de Heidelberg, a Universidade da Flórida,

---

estudo das regiões semi-áridas. PROEDES/UFRJ - UNIVERSIDADE DO BRASIL. Ata da reunião do dia 7 de novembro de 1958. Sternberg se afasta do país para fazer uma série de conferências sobre o Brasil nos Estados Unidos. PROEDES/UFRJ - UNIVERSIDADE DO BRASIL. Portaria 4, de 4 de janeiro de 1959: designa o prof. Sternberg para realizar estudos geográficos nos corredores da cidade de Quito, onde se encontra no momento em virtude de ter sido designado para representar esta Faculdade na V Reunião Pan-Americana de consulta sobre Geografia. PROEDES/UFRJ - UNIVERSIDADE DO BRASIL. Portaria n.94, de 3 de maio de 1960: designa o prof. Sternberg para representar a Faculdade em missão de intercâmbio cultural, realizando conferências nas Universidades de Lisboa, Paris, Bonn e Heidelbergh, bem como para participar, como observador, das comemorações do cinqüentenário da Sociedade Sérvia de Geografia. PROEDES/UFRJ - UNIVERSIDADE DO BRASIL. Ata da congregação efetuada em 3 de abril de 1961: Sternberg se afasta do País para ministrar curso na Alemanha durante os meses de abril a agosto. PROEDES/UFRJ - UNIVERSIDADE DO BRASIL. Ata do Conselho Departamental de 17 de outubro de 1961: boas-vindas ao Conselheiro Sternberg, que acabava de regressar da Alemanha, onde ministrou curso sobre assunto de sua especialidade.

[71] Em função do alinhamento político de Hilgard Sternberg, os geógrafos de tendências políticas marxistas, como Jean Tricart, que em 1956 estiveram no Brasil, para o Congresso Internacional de Geografia, não obtiveram espaço para fazer conferências na Universidade do Brasil. Sternberg reuniu em 1956 um grupo de professores estrangeiros, mas com tendências políticas afins, sendo um deles o alemão Carl Troll; a Geografia alemã era bastante apreciada por Sternberg. Mas o grupo do Pierre George não consegue entrar nessa universidade, nem mesmo na USP, só fazendo conferências no IBGE, que, apesar de ser um órgão de Estado e possuir um grupo com grandes desavenças internas, recebe e apóia a escola francesa no Brasil. Na realidade, os professores da escola de Pierre George não se aglutinam em torno da

a Universidade da Califórnia em Los Angeles, a Universidade de Colúmbia, a Universidade de Wisconsin, a Universidade Nacional autônoma do México, a Universidade de Beijing e o Instituto Venezuelano de Investigações Científicas.[72]

Hilgard Sternberg formou o primeiro grupo de geógrafos da Universidade do Brasil dedicados à investigação do espaço brasileiro; dentre eles destacam-se as professoras Maria do Carmo Corrêa Galvão e Bertha Becker, que, de diferentes maneiras, levariam adiante o curso e a pesquisa em Geografia do Brasil na Universidade. Ao sair do país, em 1964, para atuar como professor vitalício no Departamento de Geografia da Universidade da Califórnia, em Berkeley, Maria do Carmo Galvão assume o trabalho de pesquisa no CPGB e a cátedra de Geografia do Brasil,[73] dedicando-se ao longo do tempo à Geografia Agrária, principalmente ao estudo do espaço

---

Universidade do Brasil; Sternberg nunca permitiu que homens como Tricart, também desse grupo, o Rochefort e outros ministrassem palestras ou cursos na universidade, e eles nunca foram lá. (Depoimento de Pedro Pinchas Geiger, em 31 de outubro de 2001). Milton Santos, ao analisar a realização do Curso de Altos Estudos, promovido na seqüência do Congresso de 1956, também comenta a postura política de Hilgard Sternberg e vai nessa mesma direção:
Jean Dresch era comunista e não podia entrar nesse grupo, como também Jean Tricard. Tricard, que não pode dar aulas neste grupo, foi dar um outro curso na Universidade do Estado do Rio de Janeiro, graças a seu amigo Miguel Alves de Lima. O curso era dado à noitinha, tanto que nós íamos assistir ao Tricart, depois de terminadas as aulas da Faculdade Nacional de Filosofia (...). O Sternberg, com a sua conhecida fidelidade às oposições retrógradas, que devem aliás ser louvadas pela sua constância reacionária, cortou a presença do Tricard. Não só cortou nessa ocasião como conseguir uma circular do IBGE, pedindo que Tricard não fosse apoiado em nenhum estado brasileiro. Essa circular eu pude ver através do meu amigo Arthur Ferreira, que era Inspetor Regional de Estatística da Bahia e que me disse: recebi essa circular do IBGE, mas nós vamos dar apoio ao Tricart. Foi assim que eu pude levar o Tricard para a Bahia, apesar do veto a ele posto por organismos públicos, pela mão de Hilgard O' Reilly Sternberg. Isso tem que ser dito, porque faz parte da história da Geografia brasileira e é um fato real. (Depoimento Milton Santos, Geosul, 1992)
[72] SIOLI, Harald, 1998, p.xiv-xv.
[73] PROEDES/UFRJ - UNIVERSIDADE DO BRASIL Portaria nº 5, de 11 de janeiro de 1965 (designa o Instrutor de Ensino Maria do Carmo Galvão como diretora substituta do CPGB, enquanto perdurar o impedimento do respectivo diretor Hilgard Sternberg) e depoimento de Maria do Carmo Galvão concedido em 05 de fevereiro de 2002.

fluminense. Enquanto isso, Bertha Becker cria, dentro do próprio CPGB, cria um grupo de pesquisas com alunos, para estudar o abastecimento do Rio de Janeiro, desenvolvendo, a partir dessa experiência, estudos de Geografia Política brasileira.[74]

Francis Ruellan (1894-1975) geógrafo francês especializado em Geomorfologia, trabalhou no Rio de Janeiro entre 1940 e 1956 e esteve fortemente vinculado à Universidade do Brasil e ao IBGE. Quando veio para o Brasil, sua carreira profissional já parecia estar consolidada na Universidade de Paris, onde, sob forte influência de Emmanuel de Martonne, atuou como mestre de conferências e como diretor adjunto da Escola de Geografia e do Instituto de Geografia da Universidade. Sua vinda se deu em função de participações em várias missões técnicas e culturais organizadas pelo Governo francês, na Ásia e América do Norte. Em 1940 é enviado da França para o Rio de Janeiro como adido militar, ficando encarregado das relações militares entre França, América do Sul e Caribe. Em conseqüência da Segunda Guerra e da invasão alemã na França, foi desmobilizado pelo Exército, em 1941, aceitando o cargo de consultor técnico do Conselho Nacional de Geografia e de professor de Geografia da Faculdade Nacional de Filosofia.[75] Esteve nessas duas instituições até o final do ano de 1956.[76]

Francis Ruellan desenvolveu o ensino e a pesquisa em Geografia, particularmente em Geomorfologia, em articulação com

---

[74] Depoimento de Bertha Becker concedido em 06 de setembro 2001.
[75] ALMEIDA, Roberto S., 2000, p. 176-178.
[76] A documentação analisada PROEDES/UFRJ apontou que o contrato de trabalho de Ruellan, durante todo o tempo em que ele esteve na Universidade, era constantemente renovado, por períodos que não ultrapassavam 12 meses. Uma situação que o colocava em constante exposição, do ponto de vista político. Em 1954, por exemplo, quando é posta em votação, em reunião da Congregação da Universidade, a renovação de seu contrato de trabalho, Hilgard Sternberg se abstém de votar. Nessa mesma reunião é apresentada a situação de Antônio Teixeira Guerra, aluno de doutorado de Ruellan, que requer a defesa de sua tese. Hilgard Sternberg apresenta justificativas que dificultam a Antônio Teixeira Guerra conseguir seu título de doutor. (PROEDES/UFRJ - Universidade do Brasil: Ata da Congregação. Reunião extraordinária efetuada no dia 23 de dezembro de 1954).

investigações que dirigia no CNG. Proporcionou a aproximação dos estudantes de Geografia da FNFi com o Conselho Nacional, criando espaços para as carreiras de geógrafos, até então inexistentes no Brasil.[77] Vários estudantes, então os novos profissionais em Geografia, foram convidados ou indicados por Francis Ruellan para estagiarem no IBGE, como por exemplo Pedro Pinchas Geiger, que em 1939 ingressa no curso de Geografia e História da FNFi e é indicado para o CNG em 1942.[78] Da mesma forma, Ruellan intensifica as relações entre os geógrafos cariocas e a Geografia francesa, preparando, juntamente com a direção do IBGE, logo após a Guerra, uma turma de geógrafos brasileiros para diversas universidades francesas.[79]

Outra atividade importante de Francis Ruellan foi a organização de trabalhos de campo que permitiram acumular conhecimento empírico sobre o território brasileiro e sua ocupação. Esse levantamento foi fundamental para o grupo de geógrafos do Rio de Janeiro e para a construção do pensamento sobre o Brasil em

---

[77] A primeira e segunda gerações de geógrafos formados pelo Rio de Janeiro acabaram preenchendo a lacuna criada pela demanda no país de professores do ensino médio, aliás um dos motivos de implantação das faculdades de Filosofia no Brasil e também de técnicos dos novos órgãos de planejamento estatal. O preenchimento do quadro de técnicos do IBGE é, nesse sentido, bastante revelador. Ao se observar a procedência dos geógrafos "ibgeanos" dos anos de 1940 e 1950, é possível perceber que a maior parte deles era oriunda da UDF e da Universidade do Brasil. A contratação dos mestres franceses que, no caso particular do Rio de Janeiro, atuavam ao mesmo tempo como professores universitários e como principais consultores das pesquisas geográficas no IBGE veio facilitar essa mesclagem institucional e a configuração do campo científico da Geografia brasileira.

[78] Na Universidade eu fui convidado por Victor Leuzinger para ser seu assistente na cadeira de Geografia Física, na Faculdade. Eu aceitei, mas expliquei a ele que estava envolvido no movimento estudantil. Ele mudou de idéia e convidou a Lucy Freire, que depois virou assistente do Josué de Castro. Quem gostou muito de mim foi o Francis Ruellan, que, quando chegou, começou a fazer trabalhos de campo. Eu fui ao seu primeiro trabalho de campo, uma excursão dentro da cidade do Rio de Janeiro, que durou um sábado inteiro. Nessa excursão o Ruellan acabou gostando muito de mim, me indicando para trabalhar no IBGE, em 1942. Eu fui o quinto geógrafo a entrar no IBGE. (...) Eu trabalhava ao mesmo tempo com Ruellan e com os outros. Mas eu ainda não tinha terminado a faculdade, eu só terminei a faculdade em 43. (Depoimento de Pedro Pinchas Geiger concedido em 31 de outubro de 2001)

[79] ALMEIDA, Roberto S., 2000, p. 162.

termos de grandes conjuntos geográficos, o que, sem dúvida, era essencial para um país muito extenso e pouco conhecido geograficamente. Assim, uma das principais características de seu trabalho foi a vinculação estreita entre "teoria", ensino em sala de aula, desenvolvido na universidade, e "prática", atividades no campo e no laboratório, sustentadas diretamente pelo governo federal via IBGE. Em seu artigo intitulado "Orientação científica dos métodos da Pesquisa em Geografia", de 1943, a síntese teoria-prática pode ser percebida muito claramente.[80]

Em função da posição de liderança exercida por Ruellan no IBGE, órgão que possuía enorme prestígio junto ao governo federal, suas excursões alcançavam várias partes do Brasil, sem limitações de ordem financeira ou logística, e podiam contar com um grande número de participantes, alunos da universidade ou profissionais de pesquisa do IBGE. Entre 1941 e 1951, Ruellan organiza trabalhos de campo na Baía de Guanabara, na cidade do Rio de Janeiro, na Serra do Mar, no Vale do Rio Doce, em Diamantina, no Paraná e na Bacia do São Francisco.[81] Na universidade a importância e a qualidade de

---

[80] A contribuição metodológica à Geografia desenvolvida a partir do trabalho de Francis Ruellan pode ser conferida na Revista Brasileira de Geografia, no período de 1943 a 1956. Para a análise desses estudos ver: Orientação científica dos métodos de pesquisa geográfica. Revista Brasileira de Geografia. Rio de Janeiro, v.5, n.1, jan./mar. 1943. p. 51-60; "As normas da elaboração e da redação de um trabalho geográfico". Revista Brasileira de Geografia. Rio de Janeiro, v.5, n.4, out./dez. 1943. p.559-572; "O trabalho de campo nas pesquisas originais de Geografia Regional". Revista Brasileira de Geografia. Rio de Janeiro, v.6, n.1, jan./mar. 1943. p. 35-40; "Um novo método de representação cartográfica do relevo aplicado à região do Rio de Janeiro". Revista Brasileira de Geografia. Rio de Janeiro, v.6, n.2, abr./jun. 1944. p. 219-234; "Evolução geomorfológica da Baía de Guanabara e das regiões vizinhas". Revista Brasileira de Geografia. Rio de Janeiro, v.6, n.4, out./dez. 1944. p. 445- 508; "As aplicações da fotogrametria aos estudos geomorfológicos". Revista Brasileira de Geografia. Rio de Janeiro, v.11, n.2, abr./jun. 1949. p. 309-354; "A vocação do Planalto Central do Brasil". Revista Brasileira de Geografia. Rio de Janeiro, v.18, n.3, jul./set. 1956. p. 413-421.

[81] Com relação às pesquisas de campo coordenadas por Francis Ruellan ver ABRANTES, Vera L C. 1971. O levantamento e a análise documental realizadas no PROEDES/UFRJ também indicou várias excursões organizadas por Ruellan com a participação de profissionais e alunos. (Ver: PROEDES/UFRJ - UNIVERSIDADE DO BRASIL: Ata da Congregação extraordinária de 26 de agosto de 1943: exposição dos trabalhos da caravana de estudos

seu trabalho são ressaltadas por vários profissionais. Maria Yedda Linhares chega mesmo a afirmar que Francis Ruellan foi o maior professor que já teve em toda sua vida.

> Ruellan era fantástico. Se a influência de um professor valesse alguma coisa, eu teria sido geógrafa. Ele nos levava a excursões, era um grande professor, já os outros eram mais conferencistas.[82]

Bertha Becker destaca as atividades de campo coordenadas por Ruellan e Sternberg como uma das marcas fundamentais deixadas na universidade. Elas propiciaram, durante um longo período, o reconhecimento do território brasileiro, o que parece ter sido uma característica importante da Geografia do Rio de Janeiro. Na realidade, os trabalhos de campo foram responsáveis por uma tradição de pesquisa, bem peculiar à Geografia carioca.[83]

Maria do Carmo Corrêa Galvão (São Paulo-1925) foi aluna do curso de Geografia e História da FNFi, entre 1948 e 1951. Trabalhou inicialmente com os professores Arthur Ramos e Francis Ruellan,[84] optando efetivamente pela Geografia quando, mais tarde,

---

chefiada pelo professor Ruellan, e que teve como ponto final o Vale do Rio Doce; Ata do Conselho Técnico de 1º de fevereiro de 1944: tomar conhecimento e arquivar o processo referente a uma comunicação do interventor do Paraná sobre a excursão da caravela da Faculdade chefiada pelo prof. Ruellan; tomar conhecimento da exposição feita na sessão pelo diretor sobre a excursão a Foz de Iguaçu de Caravana da Faculdade chefiada por Ruellan; Ata do Conselho Técnico de 4 de julho de 1944: tomar conhecimento da excursão à Ilha do Governador, promovida por Francis Ruellan; Ata do Conselho Departamental de 02 de janeiro de 1947: manifesta-se favoravelmente sobre o pedido do prof. Francis Ruellan para realizar trabalhos de estudos com uma turma de alunos no curso de Doutorado, na região de Diamantina. Ata do Conselho Departamental de 25 de fevereiro de 1947: autorização para o prof. Francis Ruellan permanecer em Minas Gerais, onde se encontra em viagem de estudos com uma turma de alunos do curso de doutorado).

[82] LINHARES, 1992b, p.218.
[83] Depoimento de Bertha Becker concedido em 06 de setembro 2001. Parece que a Geografia paulista, levada à frente por Pierre Monbeig, também promoveu, durante um grande período, o reconhecimento do território nacional e desenvolveu o trabalho de campo como tradição de pesquisa.
[84] Memorial Maria do Carmo GALVÃO, 1993, p.11-13; PROEDES/UFRJ – UNIVERSIDADE DO BRASIL. Ata do Conselho Departamental de 20 de janeiro de 1948

aproxima-se do professor Hilgard Sternberg e passa a se dedicar exclusivamente à universidade.

> Foi no terceiro ano, com a Geografia do Brasil, que eu me deparei, realmente, com Geografia. Eu tive a consciência de que a minha atração era justamente pela Geografia, pela Geografia plena, completa, a Geografia física e social associadas. E o professor Sternberg foi o grande responsável pela minha formação.[85]

Em 1951, Maria do Carmo Corrêa Galvão ingressa na Universidade como auxiliar de ensino e dá prosseguimento à sua vida acadêmica dedicando-se à Geografia do Brasil e à Geografia Regional.[86] Em 1962, conclui seu doutoramento na Alemanha, na Universidade de Bonn, sob a coordenação do professor Carl Troll, desenvolvendo o tema *Transformação da paisagem e estrutura da Região de Ruwer*.[87] Sua abordagem geográfica aproximava-se dos estudos de Sternberg, fortemente influenciados pelo trabalho de Carl Sawer e pela investigação da relação homem/meio. Com uma enorme dedicação à instituição, Maria do Carmo Galvão foi figura central para a reprodução da Geografia na Universidade, principalmente após 1964. A documentação analisada evidencia seu percurso dentro da instituição, destacando o grande apoio que recebeu de Sternberg, as participações

---

(Maria do Carmo Correia Galvão solicita prazo para apresentação de documento exigido para a inscrição no vestibular e o parecer de aprovação é emitido por Delgado de Carvalho); PROEDES/UFRJ – UNIVERSIDADE DO BRASIL. Ata do Conselho Departamental de 3 de julho de 1951: aprovado o parecer referente à indicação de Maria do Carmo Galvão para o cargo de auxiliar de ensino.

[85] Depoimento de Maria do Carmo Galvão concedido em 05 de fevereiro de 2002.

[86] Depoimento de Maria do Carmo Galvão concedido em 05 de fevereiro de 2002; PROEDES/UFRJ – UNIVERSIDADE DO BRASIL. Ata do Conselho Departamental de 3 de julho de 1951: aprovado o parecer referente à indicação de Maria do Carmo Corrêa Galvão para o cargo de auxiliar de ensino. PROEDES/UFRJ – UNIVERSIDADE DO BRASIL. Portaria 76, de 12 de setembro de 1951: designa, sem nenhum provento, Maria do Carmo Galvão para o cargo de auxiliar de ensino da cadeira de Geografia do Brasil.

[87] (Memorial Maria do Carmo GALVÃO, 1993, p.12-17). Para um panorama da Geografia alemã entre os anos 1933-1945, sugere-se o artigo de Carl Troll, 1950.

em eventos nacionais e internacionais, muitas vezes como um dos membros representantes da FNFi, e o reconhecimento de seu trabalho em diversos foros científicos pela instância de poder da faculdade.[88]

Sempre apoiando o trabalho intelectual e político de Sternberg, Maria do Carmo Galvão participou ativamente da fundação do Centro de Estudos de Geografia do Brasil, em 1952, e do XVIII Congresso Internacional de Geografia, da UGI, no Rio de Janeiro, em 1956. Em diversas ocasiões levou à frente o CPGB, assumindo, dentre outras, a responsabilidade pela organização das suas publicações, séries bibliográficas e cartográficas. Em 1964, quando Sternberg vai trabalhar definitivamente na Universidade da Califórnia, em Berkeley, Maria do Carmo Galvão passa a responder, como diretora substituta, pelo CPGB.[89]

Sua formação profissional e geográfica se consolidou nos últimos quinze anos de vida da FNFi, a partir do desenvolvimento da perspectiva de síntese e unidade da Geografia, fruto da influência de Hilgard Sternberg e Carl Troll. Dedicou-se à Geografia Regional, à Geografia Agrária do Brasil e ao estudo do espaço carioca e fluminense, tornando-se referência para a Geografia agrária do Rio de Janeiro. Participou de discussões importantes sobre reformas curriculares, como a separação dos cursos de Geografia e História, e sobre a mudança do departamento de Geografia para o Instituto de Geociências, com a Reforma de 1968, assunto que será retomado adiante.

---

[88] PROEDES/UFRJ – UNIVERSIDADE DO BRASIL: Ata da Congregação de 6 de agosto de 1957; Ata da Congregação, reunião extraordinária de 23 de julho de 1959; Ata da Congregação de 2 de julho de 1964; Ata da Congregação de 27 de setembro de 1967; Ata do Conselho Departamental de 6 de janeiro de 1953; Ata do Conselho Departamental de 02 de julho de 1957; Ata do Conselho Departamental de 17 de outubro de 1961; Ata do Conselho Departamental de 26 de março de 1963: Portaria 63 a, de 3 de novembro de 1952; Portaria 52 a, de 16 de julho de 1957.

[89] PROEDES/UFRJ – UNIVERSIDADE DO BRASIL. Portaria nº 5, de 11 de janeiro de 1965: designa o Instrutor de Ensino Maria do Carmo Galvão, como diretora substituta do CPGB, enquanto perdurar o impedimento do respectivo diretor Hilgard Sternberg.

Maria Therezinha Segadas Soares inicia seus estudos vinculada aos professores e temáticas desenvolvidas pela História. Em 1947, é admitida como assistente de ensino no curso de Geografia e História, para a cadeira de História da Antigüidade e da Idade Média.[90] Trabalhou diretamente com Eremildo Viana até 1956, quando ocorreu o Congresso da UGI, e passou a se envolver cada vez mais com a Geografia Humana, sobretudo a Geografia Urbana do Rio de Janeiro.[91] Quando Maria do Carmo Galvão foi para a Alemanha, 1959-1962, Maria Therezinha Segadas Soares preparava sua tese de livre docência em Geografia, sobre o tema *Nova Iguaçu: absorção da célula urbana pelo Grande Rio*. Embora não tenha sido defendida, a tese é publicada pela Revista Brasileira de Geografia em 1962.[92]

Pelo retrato delineado dos principais professores de Geografia da Universidade do Brasil, no período de 1939 a 1968, é possível identificar duas fases que marcaram a configuração de seu campo científico-disciplinar e as principais tendências de estudos, que mais tarde se desdobrariam em áreas especializadas da Geografia universitária do Rio de Janeiro.

Em primeiro lugar, vale salientar que os anos 1939-1955 foram marcados pela atuação de profissionais que não tinham formação específica em Geografia, como Victor Leuzinger, engenheiro, Josué

---

[90] PROEDES/UFRJ – UNIVERSIDADE DO BRASIL. Portaria 4, de 29 de janeiro de 1947: o diretor da Faculdade Nacional de Filosofia da UB, tendo em vista a autorização do Sr. presidente da República no processo nº 86. 537/46, admite Maria Therezinha Segadas Viana na função de assistente de ensino, em vaga decorrente da dispensa de Ligia de Quadros Junqueira.

[91] Depoimento de Maria do Carmo Galvão concedido em 05 de fevereiro de 2002; FÁVERO, 1989b, 127.

[92] Dentre os trabalhos de Maria Therezinha Segadas Soares, cabe mencionar o livro organizado com sua amiga e companheira de trabalho Lysia Maria Cavalcante Bernardes, *Rio de Janeiro: cidade e região*, editado em 1987 pela Biblioteca Carioca, em que se encontram publicados importantes textos elaborados na década de 1960, como: *O conceito geográfico de bairro e sua exemplificação na cidade do Rio de Janeiro*, de 1962; *Divisões principais e limites externos do Grande Rio de Janeiro*, de 1960; e *Bairros, bairros suburbanos e subcentros*, de 1968.

de Castro, médico e filósofo, e Carlos Delgado de Carvalho, cientista político e sociólogo. Somando-se a esse renomado grupo, Francis Ruellan, geógrafo francês, também participará desse primeiro momento da Geografia na Universidade, trazendo para o Brasil toda uma metodologia de trabalho científico em Geografia, já bastante utilizada na França, e desenvolvendo-a para o caso nacional.

Dos alunos das primeiras turmas da extinta UDF, apenas Hilgard Sternberg torna-se professor efetivo da Universidade do Brasil. Alguns dos novos geógrafos já faziam parte do IBGE, ou são por ele são incorporados, como Christóvam Leite de Castro e Pedro Geiger; outros foram atuar nas escolas secundárias e superiores, públicas e privadas, como Hugo Segadas Viana e Fernando Segismundo. Sternberg é o primeiro professor de Geografia da Universidade que é formado em Geografia pela própria.

Nesses dezesseis primeiros anos da Geografia na FNFi, foram montadas as bases da Geografia universitária no Rio de Janeiro e delimitado seu campo disciplinar, com a efetiva separação dos cursos de Geografia e História, em 1955. Outro fato importante que marcou o fim desse período e o início do próximo foi a realização do XVIII Congresso Internacional de Geografia, verdadeira ebulição para a Geografia brasileira, que gozava de grande prestígio do Governo federal.

De 1955 a 1968, começam a se estabelecer na Geografia seus primeiros assistentes, pessoas que realmente foram formadas no curso de Geografia e História da universidade, influenciadas pelos profissionais acima mencionados. Esses novos profissionais irão levar à frente o curso e a pesquisa em Geografia na Universidade do Brasil. Desse grupo de professores destacam-se: Maria do Carmo Galvão e Bertha Becker, que, orientadas por Hilgard Sternberg, irão desenvolver estudos de Geografia do Brasil; Jorge Xavier da Silva, que, com apoio de Maria Luiza Fernandes, assistente de Leuzinger, irá levar adiante a Geografia Física; e Maria Therezinha Segadas

Soares, que, com formação em História e com a contribuição de Lysia Maria Cavalcante Bernardes, dedicar-se-á à Geografia Humana, especificamente à Geografia Urbana do Rio de Janeiro. Nos anos seguintes, o curso de Geografia se orientará e se definirá por essas vertentes de trabalho, conforme será visto mais adiante.

Do ponto de vista da política universitária, não é demais lembrar que os catedráticos exerceram atuações fundamentais para a reprodução da Geografia na instituição, segundo o perfil delineado anteriormente. Victor Leuzinger, Josué de Castro, Carlos Delgado de Carvalho e Hilgard Sternberg foram, assim, os grandes responsáveis por várias decisões sobre os rumos da Geografia na universidade, uma vez que dividiam a direção acadêmico-administrativa da instituição com outros catedráticos nas reuniões deliberativas da congregação, do conselho técnico-administrativo e do conselho departamental.

Buscando aprofundar os principais debates que emergiram nesses 29 anos da Geografia na FNFi, de 1939 a 1968, vinculados diretamente à organização do seu campo científico-disciplinar, serão agora abordadas, mais pontualmente, as relações institucionais universidade/IBGE/AGB, a separação Geografia e História, o Encontro Internacional de Geografia de 1956 e a implantação da pesquisa em Geografia na universidade.

d) Contexto de configuração do campo científico-disciplinar da Geografia

Para normatizar a moderna ciência geográfica e constituir uma comunidade de geógrafos e professores de Geografia no país, foi crucial a montagem de um aparelho institucional que possibilitasse não só a formação desse novo profissional como também a criação de um mercado de trabalho capaz de absorvê-lo. Para a configuração desse novo campo científico-disciplinar a atuação do governo federal, no primeiro período Vargas, 1930-1945, foi imprescindível, uma vez que produziu intensas formulações oficiais de políticas territoriais explícitas, para as quais a contribuição da Geografia parecia inquestionável. Assim, para viabilizar os interesses oficiais do governo federal foram proporcionadas condições para a manutenção do campo científico geográfico por meio da fundação dos cursos universitários de Geografia, da Associação dos Geógrafos Brasileiros, no Rio de Janeiro e em São Paulo, entre 1934 e 1936, e da criação do Conselho Nacional de Geografia e do Instituto Brasileiro de Geografia e Estatística, em 1937-1938.

Essas instituições estabeleceram verdadeiras redes de relações e de trocas científicas e intelectuais, que outorgaram à Geografia brasileira, especificamente à do Rio de Janeiro, condições concretas de reprodução. Propiciaram também um grande afluxo de estudos geográficos dedicados à realidade nacional, preocupação central da política oficial, que foram inicialmente veiculados pela Revista Brasileira de Geografia do IBGE, cujo primeiro número foi editado em 1939.

Como um pólo importante da rede institucional da moderna Geografia no Brasil, o curso universitário de Geografia e História no Rio de Janeiro era, até 1950, um lugar exclusivamente de ensino, de onde saíam os novos profissionais que atuariam no então órgão de planejamento territorial, o IBGE, como geógrafos e/ou como professores dos cursos secundário e superior das redes pública e privada. O IBGE complementava a formação da universidade, fornecendo recursos humanos, técnicos e financeiros que proporcionavam uma infra-estrutura de pesquisa aos estagiários e profissionais. Por sua vez a AGB funcionava não somente como uma entidade de classe, mas sobretudo como um centro de qualificação, verdadeira complementação à graduação, e de coordenação de trabalhos de reconhecimento e descrição do território nacional.[93]

---

[93] Conforme Pasquale Petrone, a AGB cumpriu também o importante e fundamental papel de centro catalisador da comunidade geográfica brasileira (PETRONE, 1979, P.322).

Em meados dos anos 40, a comunidade científica da Geografia brasileira estava então estabelecida e se desdobrava a partir destes três núcleos de ensino e pesquisa: a universidade, o órgão nacional de planejamento e a entidade de classe. A universidade encontrava-se plenamente integrada ao IBGE, que por sua vez apoiava e era apoiado pela AGB. A colaboração firmada entre Christóvam Leite de Castro, Fábio Macedo Soares, Jorge Zarur, importantes funcionários do IBGE e Delgado de Carvalho, Victor Leuzinger e Francis Ruellan, catedráticos de expressão na universidade, ficava claramente evidenciada nas reuniões da AGB, verdadeiras vitrines das linhas de pensamento dos geógrafos brasileiros e para onde convergiam os trabalhos e as tendências dominantes. As reuniões anuais organizadas pela AGB funcionavam como genuínas "Escolas" de Geografia, das quais saíam excursões em grupos, de até quatro dias, com alunos e professores, que resultavam em relatórios de campo, autênticos trabalhos científicos de reconhecimento do território.

O campo científico-disciplinar da Geografia conseguia, então, tomar forma e conteúdo. Os congressos brasileiros de Geografia, organizados exclusivamente pela Sociedade de Geografia do Rio de Janeiro, de 1909 a 1926, passavam também a ter apoio do CNG, que mantinha diálogo direto com o governo federal, e a congregar geógrafos de todo o Brasil, principalmente de São Paulo e Rio de Janeiro.[94] Em 1940, ano de reinício desses congressos, a partir do IX Congresso em Florianópolis, o suporte do CNG, IBGE e do governo federal claramente se evidencia. É interessante notar que o próprio Ministro do Tribunal de Contas, Bernardino José de Sousa, foi eleito presidente da comissão organizadora do congresso e parece ter tido, como uma de suas missões políticas, divulgar o evento meses antes, em São Paulo, para conseguir a adesão dos geógrafos paulistas.

---

[94] Anais do IX Congresso Brasileiro de Geografia, 1941, p.63-44.

Aqui venho, meus ilustres patrícios de São Paulo, em serviço de propaganda do Nono Congresso Brasileiro de Geografia que se vai realizar de 7 a 16 de setembro do ano corrente, na cidade de Florianópolis, capital de Santa Catarina.
(...)
A muita gente, talvez mesmo a muitos dos que por excelência fidalguia aqui se encontram para ouvir-me, parece estranho que um Ministro do Tribunal de Contas da República deixe por alguns dias a obrigação de suas atividades legais para sair pelo Brasil na propagação de uma reunião cultural dos estudiosos da Geografia nacional. Explica-se, porém, e se justifica à maravilha o desvio de quem, sobretudo pelo amor ao Brasil, não poupa suores (...) em qualquer emprêsa que vise o renome da Pátria. (...). E se hoje venho falar a São Paulo, é porque sinceramente não compreendo se efetue qualquer certame de cultura no Brasil sem a adesão, sem o aplauso, sem o patrocínio da inteligência paulista. Não é que duvidasse da projeção de suas luzes sobre a assembléia científica que se prepara para Florianópolis: uma vez, porém, que julguei de bom aviso conclamar de viva voz os cultores da nossa Geografia, era de mister pedir aos irmãos de S. Paulo, tão a ponto nas artes da paz quanto briosos nas pugnas pela grandeza, o seu amparo para o Nono Congresso Brasileiro de Geografia.
(...)
Que vos venho pedir? A vossa adesão, a vossa colaboração intelectual, os auxílios da vossa abundância e as luzes da vossa alta cultura. A adesão ao "Congresso", ou seja, a inscrição dos vossos nomes entre os congressistas muito nos importa, e, sinceramente vos afirmo, que é mais pela alta significação de têrmos ao nosso lado na cruzada cívico-cultural em que nos empenhamos os nomes dos ilustres filhos de São Paulo, do que pela pequena quota que vos dará direito a tomar parte nas deliberações do Congresso e de receber seus Anais.

Encarecemos muito mais ainda a vossa colaboração nas fainas intelectuais do certame por meio de teses ou trabalhos que versem os problemas da Geografia nacional: êste apêlo tem a justificá-lo a própria cultura paulista. Sabe todo o Brasil que lê e estuda que aqui se formou e cada vez mais se encorpa um núcleo de cientistas de polpa, cujas lições, nas diferentes províncias dos conhecimentos humanos, não podem ser dispensadas.[95]

---

[95] Conferência do Ministro Bernardino José de Souza nos Anais do IX Congresso Brasileiro de Geografia, 1941, p.15-24.

Outro exemplo referente às articulações institucionais e às redes de relações dos novos profissionais de Geografia pode ser observado no episódio da separação dos cursos de Geografia e História, que se concretiza em setembro de 1955, com a Lei nº 2594. Entretanto, desde 1940, justamente no IX Congresso, uma calorosa discussão havia sido travada acerca desse debate.[96] Em 1944, no X Congresso Brasileiro de Geografia ocorrido no Rio de Janeiro, o tema da separação novamente vem à tona, no discurso de abertura proferido pelo Ministro Gustavo Capanema.

> (...) Além destas medidas, que são penosas, e longos trabalhos e muito dispêndio de dinheiro, temos outra a realizar e que pretendo executar brevemente, isto é: separar o estudo da Geografia e da História, no intuito de formar os pesquisadores da Geografia separados dos da história. Assim, na próxima reforma do ensino superior, que está para sair e que espero dentro de um mês ter concluída, já aparecerão os dois cursos separados – o de Geografia e o de História, ficando assim os currículos inteiramente autônomos.
>
> Por aí podereis ver a preocupação do Ministério da Educação com referência às pesquizas no terreno da Geografia. Como esta parte está mais diretamente vinculada a êste Congresso, penso que a medida será aceita com agrado desta Casa, como aliás estou observando. A notícia é, pois, de que o ensino da Geografia deve ser, não somente aumentado, como aprimorado na sua qualidade.
>
> "(...) Não desejo terminar sem antes acentuar que tenho estado atento, não somente às atividades do X Congresso Brasileiro de Geografia, mas ainda, às realizações do Instituto Brasileiro de Geografia e Estatística, tanto assim que muitos de meus trabalhos resultam de estudos feitos e publicados nos órgãos de publicidade deste Instituto, sendo que a divisão do curso de Geografia e História em dois coincide, senão resultou mesmo, de uma promoção que me foi mandada em

---

[96] FGV - ARQUIVO GUSTAVO CAPANEMA (GC) - Carta de Carlos Macedo Soares ao Exmo. Sr. Ministro, 20 de abril de 1944. *"Quanto a separação dos cursos de Geografia e História nas Faculdades de Filosofia, devo esclarecer ainda que foi objeto de uma das mais calorosas resoluções do IX Congresso Brasileiro de Geografia, reunido em Florianópolis em setembro de 1940".*

nome do Instituto Brasileiro de Geografia e Estatística. Isso significa, portanto, harmonia de vistas e ao mesmo tempo, cooperação.[97]

A solicitação da separação desses cursos havia partido do Diretório Central do Conselho Nacional de Geografia, que no artigo 1º da Resolução n. 156, de 18 de abril de 1944, apresenta sua posição.

> O Conselho Nacional de Geografia formula encarecido apêlo ao Sr. Ministro da Educação e Saúde no sentido de ser estabelecida, na reforma de ensino superior em preparo, a separação dos cursos de Geografia e História nas Faculdades de Filosofia, de modo a se possibilitar a formação de geógrafos habilitados convenientemente nos trabalhos especializados, de gabinete e de campo, de que tanto carece a Geografia nacional, no seu aparelhamento atual.[98]

Nesse mesmo documento é também defendida a necessidade de uniformizar os currículos dos cursos de Geografia das faculdades de Filosofia do país. Assim, preparava-se uma reformulação do ensino superior de Geografia em todo o Brasil, a partir do Rio de Janeiro e do seu importante núcleo de poder, o CNG, o que fez com que vozes de insatisfação começassem a ecoar do núcleo paulista, primeiramente através de Pierre Monbeig, claramente vinculado ao grupo dos *Annales*, em especial a Lucien Febvre e a Albert Demangeon, admiradores do trabalho de Vidal de La Bache.

Como as relações da Geografia com a História resultavam da tradição representada pelos institutos históricos e geográficos, cuja ação havia sido altamente proveitosa, Monbeig considerava que o

---

[97] FGV - ARQUIVO GUSTAVO CAPANEMA (GC) - Discurso proferido no X Congresso Brasileiro de Geografia, sobre problemas relativos ao ensino desta disciplina. Rio de Janeiro, 1944.
[98] FGV - ARQUIVO GUSTAVO CAPANEMA (GC) - IBGE/CNG – Resolução n. 156, de 18 de abril de 1944.

tema deveria ser discutido de forma mais ampla. Na França esse divórcio havia sido realizado somente após a morte dos dois líderes da Geografia Humana, os professores Albert Demangeon e Sion, em 1940, e quando se eclipsou o grupo dos melhores historiadores, como Hauser, Febvre, Bloch e seus colegas dos *Annales* de História Econômica e Social. Para historiadores e geógrafos, o verdadeiro sentido da separação das duas disciplinas assume conotações diferentes; para os primeiros, ela marca uma volta às formas antiquadas de história dos analistas e dos tratados de história diplomática; para os segundos, ela vai ao encontro do espírito da Geografia Humana.[99]

De acordo com Monbeig, era preciso, antes de mais nada, compreender os motivos que levaram o CNG a emitir um parecer reclamando a divisão da seção de Geografia e História, pois para ele essa separação não deveria ser radical, uma vez que seria altamente desejável que os estudantes do curso fundamental de Geografia continuassem a receber, ao lado de um ensino geográfico melhor, uma robusta formação histórica, fundamental para a reprodução da Geografia.

> A Geografia não pode viver senão graças aos contatos constantes com as disciplinas vizinhas, especialmente com a história. Basta citar a obra de La Blache e seus discípulos para avaliar-se o papel essencial que o espírito e o método histórico devem desempenhar nos estudos e pesquisas geográficas. Em seus 'Princípios de Geografia Humana', Vidal insiste freqüentemente na necessidade de o geógrafo ter sempre em mente que a situação atual não é senão um momento de uma evolução antiga e que não poderia ser compreendida somente pela explicação geográfica (física) e que, ao contrário, sua análise exige o concurso de documentos históricos. Essa necessidade pareceu de tal maneira imperiosa a Demangeon que uma de suas teses de doutoramento tratava das Fontes da Geografia da França nos arquivos

---

[99] MONBEIG, 1944, p.9.

nacionais, assim como o professor Hauser, homem de arquivo, escrevia aqui uma nota sobre 'Algumas fontes da Geografia do Brasil', que descreve sumariamente algumas fontes dos Arquivos Nacional, do Itamarati e outras.[100]

Mas no Brasil parece que a Geografia, desde sua modernização, havia tomado gosto pela independência. Os geógrafos brasileiros haviam traçado um vasto campo de ação e projetado bem futuras realizações. Criaram um método de trabalho próprio e adquiriram uma doutrina coerente. É lógico, pois, que se requeira para os estudantes uma formação estritamente geográfica que ocupe o tempo não com história antiga ou medieval, mas com estudos puramente geográficos. A técnica de pesquisa em Geografia exigia uma preparação minuciosa e longo treino, principalmente o conhecimento de geologia, topografia, paleontologia, meteorologia, botânica, etc. Seria preciso então aliviar os geógrafos do fardo da história.[101]

Conforme Monbeig, foi precisamente dessa maneira que raciocinaram os que pediam a especialização do curso de Geografia. Esse era, inclusive, o mesmo raciocínio daqueles que levaram à frente a reforma na França, naquele momento, sob comando do Governo Vichy. Para Monbeig, como qualquer autarquia é vista como prejudicial, pois conduz à asfixia, a especialização da Geografia a levaria à elaboração e cristalização de um método eficaz de trabalho que, pelo seu valor técnico e aplicativo, tenderia a ser reproduzido automaticamente. A esclerose estaria rondando a Geografia.[102]

> Temo que êsse perigo esteja começando a ameaçar a Geografia: torna-se freqüentemente simples descrição e manifesta um cuidado em manter ortodoxia ciumenta. É assim que, se levanta um mapa dos tipos de habitação de uma região, mais só se leva em conta o que ela apresenta como característicos geográficos. Como se, na realidade, essa casa

---

[100] MONBEIG, 1944, p.9.
[101] MONBEIG, 1944, p.9.
[102] MONBEIG, 1944, p.10.

não fosse ao mesmo tempo geográfica, histórica, folclórica, etc... E essa tática reconduz, por um caminho indireto, a um determinismo geográfico que se acreditava morto para sempre.

Nessa atitude, o geógrafo torna-se cada vez mais um simples técnico e merece então as censuras exageradas que lhe foram feitas por Henri Devensen ('Espirit', 1938) ao escrever 'todo o estudo sério de Geografia Humana é uma monografia ou uma coleção de amostras'. A separação extrema entre a Geografia e a História teria por conseqüência uma limitação muito estreita do horizonte do técnico geógrafo. O papel de uma Faculdade de Filosofia não é formar técnicos, mas o de desenvolver o espírito científico e para as ciências geográficas o espírito científico não poderia viver sem relações permanentes com as ciências humanas. Foi essa uma das idéias básicas de Vidal de La Blache.[103]

Não obstante as observações de Pierre Monbeig darem margem a inúmeras discussões sobre as características e rumos dos estudos geográficos nos dois pólos principais de produção da Geografia brasileira, na época Rio de Janeiro e São Paulo, importa apenas sublinhar a reação paulista à resolução do Diretório Central do Conselho Nacional de Geografia, que, conforme indicado, recebia clara colaboração da Geografia da Universidade do Brasil.

Professores de Geografia e História da Faculdade de Filosofia da Universidade de São Paulo compartilham da mesma visão de Monbeig e, em telegrama enviado ao Ministro Gustavo Capanema, em 25 de abril de 1944, se posicionam contrários à separação dos cursos e à proposta da nova estrutura curricular baseada na seriação das matérias. É também solicitada ao Ministro uma data para a discussão definitiva do assunto.[104] Em resposta, Capanema se

---

[103] MONBEIG, 1944, p.11.
[104] FGV - ARQUIVO GUSTAVO CAPANEMA (GC) - Telegrama dos professores do curso de Geografia e História da USP, São Paulo 25 de abril de 1944, assinado pelo professor Plinio Ayrosa.

posiciona a favor da separação, mas remete a discussão aos professores da Universidade do Brasil.

> Recebi e li com apreço seu telegrama. Sobre assunto informo que a idéia da separação foi defendida pelos professores daqui, com os quais convém que os professores paulistas entrem em contato para novo exame do assunto. Pessoalmente, considero acertada essa separação. Saudações atenciosas. Gustavo Capanema, Ministro da Educação e Saúde.[105]

A separação se consolida apenas em 1955, cerca de quinze anos após as primeiras discussões. Com ela se define efetivamente o campo profissional da comunidade geográfica brasileira, pela primeira vez constituída de geógrafos formados pelos cursos de Geografia e História das faculdades de Filosofia. No caso do Rio de Janeiro, a essa altura já existiam, além do curso de Geografia da Universidade do Brasil, três outros cursos importantes, embora com perfis distintos do daquele: o da Pontifícia Universidade Católica do Rio de Janeiro, o da Faculdade Fluminense de Filosofia, embrião do curso de Geografia da Universidade Federal Fluminense, e o da (segunda) Universidade do Distrito Federal, embrião do curso de Geografia da Universidade do Estado do Rio de Janeiro.

Em 1956, é realizado no Rio de Janeiro o XVIII Congresso Internacional de Geografia, que havia sido decidido em 1952, na Assembléia Geral da União Geográfica Internacional, em Washington. Esse evento foi de extrema importância para a Geografia brasileira, consolidando ainda mais o campo de atuação da Geografia científica, à época uma disciplina muito prestigiosa.

Participaram da coordenação e articulação do Congresso os professores de Geografia da Universidade do Brasil, carreados por

---

[105] FGV - ARQUIVO GUSTAVO CAPANEMA (GC) - Telegrama do Ministro Gustavo Capanema ao professor Pinio Ayrosa, em resposta aos professores do curso de Geografia e História da USP, Rio de Janeiro, 2 de maio de 1944.

Hilgard Sternberg, grande responsável pelo evento; o IBGE, que não só disponibilizou geógrafos do seu quadro exclusivamente para o Congresso, como Lysia Maria Cavalcante Bernardes, mas também o apoiou financeiramente; a Geografia da Universidade de São Paulo, por intermédio de Aroldo de Azevedo; e a Prefeitura do Distrito Federal, que o amparou política e financeiramente.[106]

O Congresso acabou abrindo as portas dos geógrafos brasileiros para o mundo, e grandes nomes vieram aqui prestigiar o evento. Com um total 1084 participantes, 639 brasileiros, 103 americanos, 64 franceses, 31 alemães, 23 ingleses e outras nacionalidades, foram apresentados e discutidos trabalhos dos mais variados temas geográficos, organizados em treze seções especializadas, a saber: Cartografia, Geomorfologia, Climatologia, HidroGeografia, BioGeografia, Geografia Humana, Geografia da População e do Povoamento, Geografia Médica, Geografia Agrária, Geografia da Indústria, do Comércio e dos Transportes, Geografia Histórica e Política, Metodologia, Ensino da Geografia e Geografia Regional.[107]

Outras atividades importantes do evento foram as excursões realizadas pelo país, coordenadas por geógrafos brasileiros, com participação de vários estrangeiros. Ricos materiais de trabalho acompanharam essas atividades; verdadeiros planos de estudos foram traçados nessas excursões, dentre as quais cabe destacar a do Pantanal mato-grossense, chefiada por Miguel Alves de Lima; a do Vale do Paraíba, Serra da Mantiqueira e Região de São Paulo, por Ab'Saber e Maria Therezinha Segadas Soares; a da Planície Litoral e região açucareira do Estado do Rio de Janeiro, por Lysia Bernardes; e a do Planalto Meridional, por Orlando Valverde.[108]

---

[106] Union Gèographique Internationale - XVIII e. Congrès Intenational de Gèographie (RJ - 1956).

[107] Union Gèographique Internationale - XVIII e. Congrès International de Gèographie (RJ - 1956).

[108] Union Gèographique Internationale - XVIII e. Congrès International de Gèographie (RJ - 1956).

Após a realização do evento foi organizado, na Universidade do Brasil, um curso denominado "Altos Estudos Geográficos", planejado por Hilgard Sternberg, que teve como assistente Maria do Carmo Galvão. Esse curso foi ministrado por sete mestres estrangeiros para quarenta estudantes brasileiros, todos professores universitários. Foram professores desse curso Orlando Ribeiro, da Universidade de Lisboa (Geografia da Expansão Portuguesa no Mundo); Carl Troll, da Universidade de Bonn (BioGeografia da América Latina); E. Rainz (Cartografia); e os franceses da Universidade de Paris, Pierre Monbeig (Geografia Agrária do Mundo Tropical); Pierre Deffontaines (Geografia da Pecuária na América do Sul); Pierre Birot (Geomorfologia do Cristalino); e A. Cailleux (Sedimentologia). Quer por sua importância científica, quer pelo contato que possibilitou entre professores brasileiros e mestres estrangeiros, esse curso, que tinha como núcleo difusor a Universidade do Brasil, contribuiu enormemente para o desenvolvimento da Geografia brasileira.[109]

Paralelamente realizava-se um curso de Geomorfologia na Faculdade de Filosofia da (segunda) Universidade do Distrito Federal (atual Universidade do Estado do Rio de Janeiro), no Instituto La-Fayette, sob coordenação do professor Jean Tricart, geógrafo marxista, que, conforme dito anteriormente, por não compartilhar das mesmas tendências políticas dos professores do curso de Geografia da Universidade do Brasil, não havia sido convidado para compor o Curso "Altos Estudos Geográficos".

Conformando também o campo científico-disciplinar da Geografia brasileira, cabe ainda mencionar a realização, em caráter permanente, do curso "Informações Geográficas", a partir de 1961. Como parte de um programa de divulgação cultural do Conselho Nacional de Geografia, para o aperfeiçoamento de professores de

---

[109] ANDRADE, M. C., 1992, p.133-134.

Geografia do ensino secundário, esse curso, que era ministrado a título provisório, passava a ser regularmente realizado nos meses de julho e fevereiro, no período das férias escolares.

Para esses dois últimos cursos acorreram professores de todo o Brasil, alguns contemplados com bolsas de estudos oferecidas pelo CNG, e também de países latino-americanos, como Argentina, Peru e Venezuela.[110]

Embora a iniciativa tenha surgido do IBGE, é importante notar que os professores e conferencistas desses cursos, a maior parte composta de geógrafos do CNG, haviam sido formados pelo curso de Geografia da FNFi. Muitos, além de atuarem no IBGE, eram também professores de cursos universitários de Geografia no Rio de Janeiro, ou da Universidade do Estado da Guanabara (atual Universidade do Estado do Rio de Janeiro), ou da Universidade Federal do Estado do Rio de Janeiro (atual Universidade Federal Fluminense), ou da Pontifícia Universidade Católica do Rio de Janeiro, instituições que, diferentemente da Universidade do Brasil, não impunham aos seus docentes a dedicação exclusiva.

Desse grupo de professores cabe destacar, pela relevância de seus trabalhos e pela constância nos cursos de "Informações Geográficas": Antônio Teixeira Guerra (geógrafo do CNG e professor de Geografia da UFF), Fábio Macedo Soares (geógrafo do CNG e professor da PUC-RJ), Lúcio de Castro Soares (geógrafo do CNG), Fany Davidovich (geógrafa do CNG), Aloísio Capdeville Duarte (geógrafo do CNG e professor da PUC-RJ), Maurício Silva Santos, Orlando Valverde (geógrafo do CNG), Speridão Faissol (geógrafo do CNG), Lysia Bernardes (geógrafa do CNG e professora da PUC), Carlos Augusto Figueiredo Monteiro (geógrafo do CNG), Pedro

---

[110] (Curso de Informações Geográficas, IBGE, 1962, 1964, 1967). Na década de 1950, quando esses cursos eram oferecidos não regularmente, Milton Santos chega a freqüentá-los (Depoimento Milton Santos, Geosul, 1992, p.185-186).

Pinchas Geiger (geógrafo do CNG), Gelson Rangel Lima (geógrafo do CNG e professor da UFF), Miguel Alves de Lima (geógrafo do CNG e professor da UERJ), Nilo Bernardes (geógrafo do IBGE e professor da PUC-RJ), Jorge Xavier da Silva (geógrafo do IBGE, professor da FNFi/UB), Jorge Stamato (geógrafo do CNG e professor da UFF), Ângelo Dias Maciel (geógrafo do CNG e professor da UERJ).[111] Todos, sem exceção, haviam sido formados em Geografia na Universidade do Brasil e freqüentemente eram convidados a ministrar curso nessa instituição.

O quadro apresentado acima sobre a montagem e o desenvolvimento das redes institucionais e profissionais da Geografia no Brasil constituiu, de fato, o espaço social da comunidade geográfica brasileira, até finais da década de 1960. Espaço social no sentido dado por Pierre Bourdieu, como campo social, espaços onde são travadas concorrências e parcerias entre atores em torno de interesses específicos. Como o campo social aqui analisado é um campo científico, e, segundo Bourdieu, o campo científico não é nada mais do que uma das representações do campo social, os interesses específicos referem-se às disputas de poder intelectual e político da moderna ciência geográfica.[112]

Em função da ausência quase total de estudos sistemáticos sobre a historiografia da Geografia brasileira em outras instituições e em outros estados da federação, no período até então analisado 1935-1968, e diante dos resultados de pesquisa expostos anteriormente, é possível afirmar a centralidade científica da Geografia no Rio de Janeiro. Centralidade essa intimamente relacionada à histórica função de capitalidade da cidade, que proporcionou a implantação de importantes instituições que dispunham de financiamento estatal e diálogo direto com o governo

---

[111] Curso de Informações Geográficas, IBGE, 1962-1972.
[112] BOURDIEU, p. 1994, p.122-155, e BOURDIEU, 1989, p. 59-73.

federal, como o CNG e o IBGE, da mesma forma que possibilitou a implementação de uma Universidade do Brasil e, para o Brasil, um modelo universitário nacional.

A Geografia da Universidade do Brasil contribuiu para a viablilização do projeto nacional do governo federal, não apenas formando professores de Geografia para o ensino médio e superior, que era o objetivo principal das faculdades de Filosofia, mas também preparando técnicos para o principal órgão de planejamento territorial brasileiro, o IBGE. Até aproximadamente o final da década de 1960, a Geografia universitária esteve fortemente vinculada a essa instituição, embora existissem disputas políticas e intelectuais entre seus profissionais. Inclusive a preocupação e os trabalhos desenvolvidos pelos professores da Universidade ou abordavam questões metodológicas da Geografia ou estudos de reconhecimento e descrição de partes do território, o que pode ser conferido pela análise da produção de Francis Ruellan e Hilgard Sternberg, na Revista Brasileira de Geografia.

O CPGB, um centro de investigação de Geografia do Brasil, criado por Sternberg no início da década de 50, além de implementar a pesquisa universitária de Geografia no Rio de Janeiro buscava também o estudo e o reconhecimento do território. Até mesmo as obras de Josué de Castro, embora não tratem diretamente de reconhecimento do território, são estudos de parte do Brasil, são leituras do Nordeste brasileiro extremamente política e claramente desenvolvidas pela abordagem homem/meio.

Quando ocorrem modificações de diversas naturezas promovidas pelas transformações na política nacional, como a inauguração de Brasília, em 1960, a instauração do governo militar, em 1964, e a conversão do IBGE em fundação, em 1967,[113] a

---

[113] O IBGE, até então, era um órgão ligado à presidência da República, como se fosse uma autarquia vinculada diretamente à presidência, à qual dava assessoria direta, na parte de

universidade sofre impactos que promovem novas orientações não apenas em relação à estrutura curricular do curso de Geografia, mas sobretudo em relação às características e os recortes espaciais da pesquisa, que passaria a ser levada à frente pela nova geração de professores, formada principalmente por Victor Leuzinger, Francis Ruellan e Hilgard Sternberg. Tais mudanças serão explicitadas a seguir, a partir do processo de transformação da Universidade do Brasil em Universidade Federal do Rio de Janeiro e da relocação do urso de Geografia.

Estatística e Planejamento Territorial. Em 1967, por força do Decretro-Lei 161, de 13/02/1967, o IBGE transforma-se em Fundação, perdendo prestígio nessa parte, mas, de certa maneira, ganhando eficiência no setor de Estatística. Sua vinculação hierárquica passa a fazer parte do núcleo ministerial do governo e sua coordenação geralmente fica a cargo de um ministro de estado, ou do Planejamento ou da Fazenda (ALMEIDA, Roberto S. 2000,p.47).

CAPÍTULO 4

A Universidade Federal do Rio de Janeiro: a realocação da Geografia e a implantação de seu Programa de Pós-graduação

A Universidade Federal do Rio de Janeiro: a realocação da Geografia e a implantação de seu Programa de Pós-graduação

Desde inícios da década de 1960, estudos para a reforma da Universidade do Brasil vinham sendo realizados. Em 1962 foi designada pelo Conselho Universitário uma comissão especial de professores para discutir o tema, a qual confeccionou o documento "Diretrizes da Reforma da Universidade do Brasil", em 1963. Essas diretrizes serviram de base para a elaboração dos decretos-lei n.53/66 e 252/67, que dispõem sobre a reestruturação das universidades federais.[1]

Antes, porém, em 1965, medidas legais são baixadas pelo presidente Castelo Branco, uniformizando a denominação das universidades e escolas técnicas federais. A Lei 4831, de 5 de novembro de 1965, dispõe que as universidades federais situadas nas cidades do Rio de Janeiro e Niterói e subordinadas ao Ministério da Educação e Cultura passariam a ter nova denominação. Assim, a Universidade do Brasil passaria a ser nomeada Universidade Federal do Rio de Janeiro.[2] O Conselho Universitário já havia se posicionado

---

[1] FÁVERO, 2000a, p.100.
[2] Com relação à data de mudança da nomenclatura da Universidade do Brasil para Universidade Federal do Rio de Janeiro, encontramos informações diferentes. Segundo Lobo (1980:49), com a saída da capital federal do Rio de Janeiro para Brasília, em 1960, é promulgada a Lei 4020, de 1961, conhecida como Lei de Diretrizes e Bases, mudando o nome da UB. Entretanto, de acordo com Fávero (2000a: 99-105), a mudança de nome da Universidade do Brasil para Universidade Federal do Rio de Janeiro ocorre em 1965, por meio da lei 4831, sancionada em 5 de novembro. Conforme Fávero (2000a:14), para se chegar a esta conclusão foi solicitada a colaboração do Centro de Documentação de Estudos Legislativos da Câmara de Deputados – Seção de Documentação Parlamentar, em Brasília, onde foi possível obter a Mensagem Presidencial e a Exposição de Motivos do Ministro da Educação de agosto de 1965, que se referiam à mudança da denominação. Em função de o livro de Fávero (2000b) apresentar os documentos referentes aos dispositivos legais da UB e, especificamente, a Lei 4831, localizamos a mudança de nomenclatura também no ano de 1965.

radicalmente contra essa medida, tendo em vista que perderia, entre outros privilégios, o qualitativo nacional que lhe era próprio.[3]

A despeito disso, a Universidade do Brasil recebe essa nova denominação em 1965 e a reforma acaba sendo implementada com os Decretos-Lei nº 53/66 e 252/67, que extinguem as cátedras e dão nova estrutura administrativa e política à Universidade. Suas escolas e faculdades começaram a ser organizadas por centros universitários, núcleos aglutinadores das unidades (institutos, faculdades e escolas) e de órgãos complementares. Cada unidade passou a agrupar dois ou mais departamentos, que se tornavam responsáveis pelas disciplinas ministradas nos cursos de graduação e pós-graduação, disciplinas que estavam anteriormente vinculadas à cátedra. Instaura-se, então, o modelo universitário norte-americano, pautado na lógica departamental. Seis centros compuseram essa nova estrutura universitária: Centro de Ciências Matemáticas e da Natureza (CCMN), Centro de Letras e Artes (CLA), Centro de Filosofia e Ciências Humanas (CFCH), Centro de Ciências Jurídicas e Econômicas (CCJE), Centro de Ciências da Saúde (CCS) e Centro de Tecnologia (CT).[4]

A maior parte dos cursos da antiga FNFi foi organizada em departamentos e ficou alocada no Centro de Filosofia, Ciências e Letras, como no caso da História, que se fixou no Instituto de Filosofia e Ciências desse Centro. A Geografia muda-se para o Centro de

---

[3] (FÁVERO, 2000a, p. 101). Segundo Cunha, a Universidade do Brasil pouco fez para se reformar, pois para isso teria de vencer a resistência de não poucas escolas e faculdades em ceder aos institutos (básicos) parcelas significativas dos currículos e com elas parcelas importantes de recursos humanos, materiais e financeiros. Essas resistências provinham de várias fontes: da cátedra vitalícia, da composição do Conselho Universitário, no qual os diretores de unidade eram membros natos da prática da nomeação dos diretores de unidade pelo presidente da República e, finalmente, do fato de que os diretores mais prestigiados obtinham verbas destacadas no orçamento da União, especialmente para sua unidade (CUNHA, Luiz Antônio. *A Universidade Reformada – o golpe de 1964 e a modernização do ensino superior*, 1988. Apud FÁVERO, 200a, p.100).

[4] LOBO, 1980, 61-70.

Ciências Matemáticas e da Natureza, compondo com a Geologia, a Astronomia e a Meteorologia o Instituto de Geociências, distanciando-se das ciências sociais e aproximando-se das ciências da natureza.

Não obstante a reforma universitária ter vindo de cima, do governo federal, com orientações definidas sobre a nova concepção a adotar, parece que a alocação do urso de Geografia no Instituto de Geociências só se efetivou, no caso específico da Universidade Federal do Rio de Janeiro, porque houve consenso, entre os professores do departamento, de que essa seria a melhor decisão a tomar.[5] Dois fatores concorreram para essa deliberação: a possibilidade de acesso mais facilitado aos recursos financeiros e técnicos e a situação política do país, fruto do golpe militar de 1964, que tornava as ciências sociais alvo de muitos controles. Após enorme debate no departamento, os docentes entenderam que a melhor saída para impulsionar a reprodução da Geografia na Universidade era a sua aproximação com as ciências da terra.[6]

> Geografia poderia ter ficado junto com a História. No caso da UFRJ, houve uma consulta. Mas as possibilidades eram muito maiores para a Geografia caso ficássemos com as Ciências Matemáticas e da Natureza, pois as ciências sociais estavam sendo massacradas. Nada que viesse das Ciências Sociais tinha possibilidades de expressão. Nosso começo foi realmente bastante difícil, porque a Geologia era uma área que já contava com uma infra-estrutura bastante sólida e já dispunha de equipamentos e recursos financeiros para pesquisa. Tinha uma posição de superioridade em relação à Geografia.[7]

---

[5] Vale notar que o curso de Geografia da Universidade de São Paulo continuou vinculado à Faculdade de Filosofia.
[6] Depoimento de Maria do Carmo Galvão concedido em 05 de fevereiro de 2002. Depoimento de Bertha Becker concedido em 06 de setembro de 2001.
[7] Depoimento de Maria do Carmo Galvão concedido em 05 de fevereiro de 2002.

Entretanto, parece que essa previsão não se cumpriu no decorrer dos anos, pois, apesar de todo o aparato repressivo associado a esse período da vida universitária, a Reforma efetivamente implantada em 1968, que teve como um de seus principais desdobramentos o deslanchar da pós-graduação no país, acabou beneficiando não apenas a área tecnológica, que recebeu incentivos substanciais, mas também as áreas humanas em geral, que, através de seus programas de pós-graduação, tiveram então seu momento de maior destaque, no que se refere a fomento, apoio técnico e suporte financeiro.[8]

De qualquer modo, como as prioridades para o ensino e a pesquisa no governo militar estavam inicialmente muito mais voltadas para as ciências exatas, as ciências duras, e como as ciências sociais pareciam não ter espaço no circuito dos recursos financeiros, a Geografia decidiu ir para o Instituto de Geociências. A pós-graduação em Geografia foi montada e desenvolvida logo nos primeiros anos da década de 1970, no mesmo período em que sua nova companheira, a Geologia, organizava a sua, e contou com o apoio dos chamados fundos científicos, implementados em finais dos anos 60 e início dos anos 70, como o FNDCT, Fundo de Desenvolvimento Científico e Tecnológico; o FUNDEC, fundo do BNDES, voltado para a indústria, devendo financiar a instalação de centros de pós-graduação ou pesquisa no Brasil; e a FINEP, Financiadora de Estudos e Projetos.

a) A IMPLANTAÇÃO DA PÓS-GRADUAÇÃO E O DESENVOLVIMENTO DA PESQUISA EM GEOGRAFIA

Desde 1966, o corpo docente do Departamento de Geografia esteve composto da seguinte maneira: Lucy Abreu Rocha Freire,

---

[8] BOMENY, Helena, 2002, p.97-98.

Maria Therezinha Segadas Soares e Marina Del Negro Sant'Anna (área de Geografia Humana); Maria Luiza Fernandes e Jorge Xavier da Silva (área de Geografia Física); e Maria do Carmo Galvão, Bertha Becker e Maria Helena Castro Lacorte (área de Geografia do Brasil), todos com tempo e dedicação integral à universidade.[9] Embora novos professores passem a ingressar no departamento como assistentes, a partir de 1968 a composição política e intelectual do corpo docente acima mencionada não sofre alterações, tendo sido a grande responsável pelos rumos tomados pela Geografia na Universidade Federal do Rio de Janeiro, inclusive pela implantação do curso de Mestrado.

O programa de pós-graduação em Geografia foi criado em março de 1972 e representou uma verdadeira renovação para a Geografia da Universidade. Além do desenvolvimento da pesquisa e do fortalecimento do apoio dos órgãos de fomento, como CNPq, CAPES e FINEP, e ainda de instituições governamentais, como o IBGE, o Programa permitiu a ampliação e a qualificação do seu corpo docente, a contratação de professores estrangeiros, a articulação entre os docentes da própria universidade, vinculados a outros programas, e a qualificação dos geógrafos de todo o Brasil, para o exercício de atividades e de pesquisa em Geografia.

Não é demasiado lembrar que o desenvolvimento dos programas de pós-graduação resultou do projeto de racionalização e modernização da administração pública dos governos militares, no período de gestão do presidente general Emílio Garrastazu Médice, entre 1969 e 1973, e principalmente do presidente general Ernesto Geisel, entre 1973 e 1978, que deram forte ênfase à ciência e tecnologia e propiciaram um fomento em política científica sem paralelo em outras décadas. A pós-graduação foi defendida como

---

[9] PROEDES/UFRJ – UNIVERSIDADE DO BRASIL. Ata da congregação de 27 de outubro de 1966.

uma necessidade imperativa, por razões que afetavam diretamente não apenas o desenvolvimento da ciência no Brasil, mas o pleno desempenho da própria graduação. Não era mais admissível a manutenção de um quadro docente de ensino superior sem formação continuada e sistemática; a pós-graduação daria uma dinâmica inteiramente nova à própria graduação. Assim, a integração do ensino e da pesquisa na universidade se desenvolveu com a reforma de 1968, com forte investimento na pós-graduação.[10]

Concorreram para a implantação da pós-graduação em Geografia os professores Maria do Carmo Galvão, Maria Therezinha Segadas Soares, Jorge Xavier da Silva, Bertha Becker e Lysia Maria Cavalcante Bernardes, que na época ministravam cursos na Universidade. Segundo Maria do Carmo Galvão, foi fundamental a contribuição de Maria Therezinha Segadas e de Lysia Bernardes, esta geógrafa desde a década de 50 e com reconhecida contribuição à Geografia brasileira, não apenas pelo seu trabalho no IBGE como também em outros órgãos governamentais.[11]

Embora não tivesse ainda se mudado para o Fundão, o que só ocorre em 1973, a Geografia já participava do Instituto de Geociências, e necessitava construir seu espaço de trabalho frente à Geologia, um processo para o qual foi extremamente importante a atuação de Maria do Carmo Galvão.

> A Geologia tinha uma posição de superioridade em relação à Geografia. Nós não tivemos a menor informação sobre a determinação referente à criação dos cursos de pós-graduação. Nós já tínhamos feito a nossa reforma curricular da graduação. E na ocasião eu fiquei sabendo, pela Faculdade de Filosofia, sobre os projetos de criação dos cursos de pós-graduação. E nós, no Instituto, não tínhamos a menor notícia, nenhuma informação, não tínhamos quase mais prazo para

---

[10] BOMENY, Helena, 2002, p.93-98.
[11] Depoimento de Maria do Carmo Galvão concedido em 05 de fevereiro de 2002.

elaborar um projeto, mas quem não apresentasse não teria mais possibilidade de continuar as pesquisas, e, para nós, do CPBG, era um prejuízo enorme, porque éramos o único grupo que, até então, fazia pesquisas.
(...)
Eu já tinha terminado o doutorado e o Xavier já estava terminando o dele também, nós tínhamos um corpo docente qualificado para montar uma proposta. Eu disse para o Departamento que tínhamos que montar a pós-graduação o mais rápido possível. Foi um trabalho realmente de grupo. Então a Lysia, a Therezinha, o Xavier e eu nos debruçamos sobre a proposta e montamos o mestrado (...) e quem nos deu um apoio imenso foi o criador da COPPE, o professor Coimbra. Foi um esforço sobre-humano, mas nós conseguimos montar o mestrado. E daí para diante o curso foi crescendo com um trabalho muito coeso. Nesse período a contribuição da Lysia e da Therezinha foi fundamental.[12]

A participação de Bertha Becker, não apenas no pequeno grupo que estabeleceu a concepção e as diretrizes da pós-graduação como também na sua reprodução, merece ser aqui mencionada. De fato, os anos 70 parecem ter sido cruciais, do ponto de vista profissional, para a formação profissional de Bertha Becker. Isso não significa dizer que sua participação na Geografia tenha se dado apenas nessa década, mas que foi nesse período que espaços de atuação se definiram de forma mais efetiva. Na realidade, o envolvimento de Bertha Becker com a Geografia remonta aos anos de 1950, conforme será visto.

Bertha Koiffmann Becker (Rio de 1930), licenciada e bacharel em Geografia pela FNFi em 1952 e 1954, formou-se com grandes mestres pioneiros da moderna ciência geográfica, os professores Josué de Castro, Arthur Ramos, Carlos Delgado de Carvalho, Francis Ruellan e Hilgard Sternberg. Mas seu contato com a Geografia é anterior à década de 50; ele remonta à sua adolescência, quando

---

[12] Depoimento de Maria do Carmo Galvão concedido em 05 de fevereiro de 2002.

ouvia os relatos de sua irmã, a geógrafa Fanny Davivovich, então aluna da universidade.

> Ainda adolescente, através dos relatos de minha irmã (...), entrei em contato com essa fase da constituição da disciplina, marcada pela influência dos mestres franceses. Através desses relatos travei contato com a primeira geração carioca de futuros grandes geógrafos, como José Veríssimo da Costa Pereira, Orlando Valverde, Carolina e Hilgard Sternberg, Pedro Geiger, Lysia Bernardes e Elza Keller, entre outos. Tratava-se da origem da Geografia científica brasileira caracterizada, então, por estudos para reconhecimento do território. [13]

A partir das excursões de campo organizadas por Francis Ruellan e Hilgard Sternberg, Bertha Becker desenvolve a formação de pesquisadora e o interesse pela Geografia do Brasil. Essas excursões, além de proporcionarem informações sobre a realidade espacial brasileira, através do reconhecimento de diversas partes do território, introduziram as bases de uma metodologia geográfica de trabalho de extrema relevância. Sternberg foi, sem dúvida, o que mais exerceu influência na formação de Becker; convidou-a inclusive a ingressar na universidade como auxiliar de ensino, em 1957, após sua participação na Comissão de Recepção do Congresso Internacional de Geografia.[14]

Seguindo as diretrizes de Sternberg, Bertha Becker desenvolveu sua formação segundo a escola geográfica homem-meio, ministrando disciplinas tanto de Geografia Física quanto de Geografia Humana do Brasil. Essa diversidade, apesar de toda dificuldade, acabou lhe proporcionando uma oportunidade ímpar de consolidação do conhecimento do Brasil, essencial para a delimitação e

---

[13] Memorial Bertha BECKER, 1993, p.11.
[14] (Memorial Bertha BECKER, 1993, p.11). PROEDES/UFRJ – UNIVERSIDADE DO BRASIL. Ata da congregação de 28 de fevereiro de 1957: aprova a proposta para auxiliar de ensino de Bertha Becker para a cátedra de Geografia do Brasil.

desdobramento de sua futura área de interesse, a Geografia Política e a Geopolítica Nacional. O CPGB representou, assim, um centro de pesquisa que a levou ao aprofundamento da realidade territorial brasileira e a uma prática de pesquisa de campo e de gabinete extremamente rica.[15]

Com a ida de Sternberg para Berkeley, em 1964, Bertha Becker dá início aos seus estudos de forma mais autônoma, organizando uma equipe de pesquisa e orientação de bolsistas sobre a temática do impacto do crescimento urbano-industrial na transformação do campo, com a participação de Maria Helena Lacorte e, dentre outras alunas, Lia Osório Machado. A partir dessa investigação, que, durante toda a década de 60, fora realizada no norte de Minas Gerais, no Triângulo Mineiro e no Oeste de São Paulo, Becker dirige sua atenção para os espaços de fronteiras, principalmente para as frentes pioneiras no Centro-Oeste e na Amazônia. Na segunda metade da década de 1960 assume a responsabilidade pela cadeira de Geografia do curso de Preparação à Carreira de Diplomata, do Instituto Rio Branco, atividade que acaba tendo influência decisiva para sua opção geográfica. [16]

Entretanto, será apenas em 1976 que Bertha Becker deixará de ser professora assistente e passará, por concurso de títulos, a professora adjunta, quando então começa a ter expressão política na universidade. De 1976 a 1986, dez anos portanto, assume o cargo de diretora adjunta para a pós-graduação e Pesquisa do Instituto de Geociências, traçando importantes estratégias de reprodução da Geografia na Universidade. Uma delas foi a recuperação do curso de Geologia.

---

[15] Memorial Bertha BECKER, 1993, p.16-17.
[16] Memorial Bertha BECKER, 1993, p.18-21.

Eu recuperei a Geologia, primeira coisa que fiz como diretora de Pós–Graduação. A Geologia estava destruída. A minha primeira atuação foi recompor a Geologia (...). Eu contratei professores estrangeiros, da Alemanha e de outros países, para a Geologia. Fui para Brasília, briguei para recuperar a Geologia. Eu fiquei reconhecida na UFRJ pelo meu trabalho de resgate da Geologia. Contratei uns oito professores, fiz laboratório de geoquímica, etc. Com isso, a Geografia se beneficiou, porque o Instituto cresceu, e assim foi que eu consegui contratar dois professores doutores para o Departamento de Geografia, o Milton Santos e o Maurício Abreu (...). Fui eu quem contratei Milton Santos. Ele tinha chegado da França e as universidades brasileiras não o queriam, pois ele tinha fama de "brigão". As pessoas tinham medo do Milton. Ele era realmente muito instigante, gostava muito de discutir, de debater. Eu tive que vencer grandes resistências dentro do meu departamento para poder contratá-lo.[17]

A produção intelectual de Bertha Becker é extensa, tendo ela publicado cerca de doze livros sobre a Geografia Política brasileira e vários capítulos de livros e artigos em periódicos nacionais e internacionais reconhecidos.[18] Seus trabalhos sobre a Geopolítica e sobre a Amazônia tornaram-se referências que transcendem a escala

---

[17] Depoimento de Bertha Becker concedido em 06 de setembro de 2001.

[18] Da produção de Bertha Becker pode-se destacar os seguintes livros que tratam de diferentes abordagens do Brasil em sua escala nacional: BECKER, Bertha K. (Org.). *A Geografia política do desenvolvimento sustentável*. Rio de Janeiro. Ed. da UFRJ, 1997. 494p; BECKER, Bertha K. et.al. *Geografia e meio ambiente no Brasil*. São Paulo: Editora Hucitec. Rio de Janeiro: *Comissão Nacional do Brasil da União Geográfica Internacional*, 1995; BECKER, Bertha K. *Amazônia*. 3 ed. São Paulo: Ática, 1994. (Princípios, n.192); BECKER, Berta K. e EGLER, Claudio A. G. *Brasil: uma potência regional na economia-mundo*. Rio de Janeiro: Bertrand Brasil, 1993; BECKER, Bertha K. *Fronteira amazônica: questões sobre a gestão do território*. Brasília: UNB; Oxford: Blackwell, 1990. 219p; BECKER, Bertha K. (co-org.) *Tecnologia e gestão do território*. Rio de Janeiro: UFRJ, 1988. 218 p.; BECKER, Bertha K. (co-org.). *Regional Development in Brazil: the frontier and its people*. UNCRD, Japão; BECKER, Bertha K., CORAGGIO, José Luís (Coords.). *Ordenação do território: uma questão política? Exemplos da América Latina*. Rio de Janeiro: UFRJ, 1984. 1 v.; BECKER, Bertha K. (Org.) *Abordagens políticas da espacialidade*. Rio de Janeiro: UFRJ, 1983,173p; BECKER, Bertha K. *Geopolítica da Amazônia: a nova fronteira de recursos*. Rio de Janeiro: Editora Zahar, 1982.

nacional. Com reconhecida visibilidade internacional. Bertha Becker consolidou essa área de trabalho na Geografia da Universidade do Rio de Janeiro, formando e orientando vários alunos que vieram a se tornar professores dessa instituição.

Além disso, Bertha Becker criou, em 1987, o Laboratório de Gestão do Território (LAGET), fruto de um convênio entre o departamento de Geografia da universidade e o IBGE. Esse convênio buscava a geração de um grupo de trabalho e um fórum de debates sobre a temática da recente dinâmica territorial viabilizada pelo desenvolvimento tecnológico.[19] O LAGET, cujo caráter renovador e importância, do ponto de vista político e intelectual, foram fundamentais para o Departamento de Geografia, contou com o apoio financeiro da FINEP, CNPq e CAPES, e sua reprodução na Universidade tem sido viabilizada também pela participação do professor Cláudio Antônio Egler.[20]

> Eu criei o Laboratório de Gestão de Território, em 1987. Assim, o primeiro termo território, gestão no território, fomos nós quem criamos, com um convênio do IBGE. Um convênio somente para pensar o Brasil, a dinâmica territorial, a mudança tecnológica e seus impactos no território nacional. De 1987 para cá, eu consegui dinheiro na FINEP, para projetos institucionais, Projeto de Gestão Territorial no Brasil, com vários subprojetos que eu coordenava. Então, participavam a Lia Osório, o Maurício Abreu, a Maria do Carmo, cada um com seu projeto. Mas era um grande projeto institucional da FINEP, para gestão de território no Brasil, e dentro desse único projeto existiam vários subprojetos com seus respectivos grupos. (...). E o LAGET funcionou dessa maneira, durante muito tempo.[21]

---

[19] BECKER, Bertha e EGLER, Claudio. Projeto de implantação do Laboratório de Gestão Territorial. Mimeo, s/data.
[20] Memorial Bertha BECKER, 1993, p.42.
[21] Depoimento de Bertha Becker concedido em 06 de setembro de 2001.

O programa de pós-graduação foi, sem dúvida, o motor do ensino e da pesquisa no Departamento de Geografia. Teve papel preponderante na implantação de grupos e laboratórios de pesquisa e na ampliação e qualificação de quadro docente, tanto da Geografia Humana quanto da Geografia Física. A contratação de vários professores nos anos 70, por exemplo, de certa forma espelha esse papel centalizador.[22]

A pós-graduação promove não só o fortalecimento da Geografia na universidade como também a definição de suas áreas de especialização. A Geografia Humana na década de 70 pode ser essencialmente descrita a partir de três matrizes de estudos: a Geografia Agrária e Regional do Brasil, mediante o trabalho desenvolvido por Maria do Carmo Galvão, que ao longo dos anos se volta para o estudo do espaço carioca e fluminense; a Geografia Política e Geopolítica brasileira, pela atuação de Bertha Becker, que direciona sua atenção principalmente para a realidade territorial amazonense; e a Geografia Urbana do Brasil, a partir dos estudos, de forte cunho histórico do espaço urbano do Rio de Janeiro, de Maria Therezinha Segadas Soares, com a colaboração de Lysia Maria Cavalcante Bernardes, mediante sua larga experiência com o planejamento territorial e seu enorme conhecimento da realidade urbana brasileira, especialmente carioca e fluminense.

Tanto Maria do Carmo Galvão quanto Bertha Becker tiveram suas primeiras formações vinculadas a Hilgard Sternberg e às questões territoriais nacionais, bastante significativas para o governo federal até os anos 70. Therezinha Segadas e Lysia Bernardes tornam-se referências para a Geografia Urbana, exercendo forte influência na nova geração, da qual se destaca Maurício de Almeida Abreu e seu

---

[22] Na década de 1970, foram contratados, por exemplo: Jorge Marques (1970), Elmo Amador (1970), Antônio Teixeira Guerra (1973), Ana Maria de Souza Bicalho (1974), Ana Luiza Coelho Neto (1976), Iná Elias de Castro (1975), Maurício Abreu (1977), Roberto Lobato Corrêa (1978). (Currículo Lattes, CNPq)

trabalho sobre a evolução urbana do Rio de Janeiro, desenvolvido durante a década de 1980.[23] Roberto Lobato Corrêa, geógrafo do IBGE entre 1959 e 1987, passa a compor o corpo docente da UFRJ na década de 1970, tornando-se também uma importante referência para os estudos de Geografia Urbana na Universidade. Lobato Corrêa havia sido igualmente influenciado por Lysia Bernardes, na época em que esteve no IBGE.[24]

Na área de Geografia Física é importante destacar o papel articulador de Maria Luiza Fernandes, que foi a responsável pela composição e desenvolvimento desse campo de trabalho.[25] É a seu convite que Jorge Xavier da Silva, Maria Regina Mousinho Meis e Dieter Muehe passam a lecionar na universidade. De fato, a partir da implantação da Pós-graduação, esses professores começam a ter atuações destacadas na área da Geografia Física, principalmente Jorge Xavier da Silva e Maria Regina Mousinho Meis, que acabam solidificando duas grandes linhas de pesquisa em Geografia Física, as quais vão marcar a pesquisa na Geografia Física da UFRJ, o Geoprocessamento e a Geomorfologia.

> A Maria Luiza lutou muito pela expansão da Geografia e principalmente da Geografia Física. Ela foi responsável pela convocação dos mais antigos da Geografia Física, como o Dieter, o Xavier e a Regina Mousinho Meis. Quando a Maria Luiza colocou a Regina e o Xavier, o qual na época fazia mestrado nos EUA e tinha uma capacidade de liderança, a pesquisa na área da Geografia Física se desenvolve muito. A Regina e o Xavier se unem ao Bigarella, que

---

[23] Ver Maurício de Almeida Abreu, Evolução Urbana do Rio de Janeiro, Rio de Janeiro: IPLNARIO, Jorge Zahar Editor, 1987.
[24] Depoimento Roberto Lobato Corrêa, 1997.
[25] Tanto Bertha Becker quanto Jorge Soares Marques compartilham dessa mesma opinião. "Quem ficou no lugar dele [de Leuzinger] foi a Maria Luiza. Xavier, Jorge Marques e Mauro Argento foram compondo a Geografia Física na UFRJ, muito por influência da Maria Luiza. Na verdade, toda a parte da Geografia Física foi conduzida pela Maria Luiza, que entrou no lugar do Leuzinger. Ela era assistente dele." (Depoimento de Bertha Becker concedido em 06 de setembro de 2001).

estava fazendo escola desenvolvendo a Geomorfologia Climática do Brasil, e escrevem trabalhos clássicos de Geomorfologia na época, pois começavam a considerar a Geomorfologia Climática no estudo da Geomorfologia brasileira. Mas adiante o Xavier sai da Geomorfologia. Na verdade ocorreram quase duas linhas dentro da Geografia Física, a que vinha com a Regina, que se preocupava mais com a Geomorfologia do quaternário, bastante vinculada à Geologia, e depois entram a Josilda e a Ana Luiza. A Regina assume a Geomorfologia, enquanto que o Xavier estava saindo dela e se dedicando ao Geoprocessamento.[26]

Jorge Xavier da Silva, que inicialmente se concentra no estudo da Geomorfologia, já em finais dos anos 1970 passa a se dedicar, bastante influenciado pela Geografia Quantitativa, ao Geoprocessamento.[27] Segundo Maria do Carmo Galvão, Xavier da Silva utiliza a quantificação como solução metodológica para desenvolver o Geoprocessamento, caminho que lhe era bastante compatível.[28] Viabiliza uma Geografia Física mais integrada, empregando para tanto as técnicas matemáticas. Elabora também, em 1983, um programa, um sistema geográfico de informação, o Sistema de Análise Geoambiental (SAGA), e logo a seguir, em 1984, implementa na universidade o Laboratório de Geoprocessamento (LAGEOP), com o apoio financeiro recebido de órgãos de fomento, como FINEP, CNPq e FAPERJ.

Com a criação desse Laboratório, Jorge Xavier da Silva dá prosseguimento à pesquisa em Geoprocessamento e ao sistema de informação que havia elaborado. A importância do sistema de informação gerado pelo professor Xavier é ressaltada em entrevista realizada com o professor Jorge Soares Marques.

---

[26] Depoimento de Jorge Soares Marques concedido em 12 de setembro de 2001.
[27] Não foi possível a realização de entrevista com o professor Jorge Xavier da Silva, embora alguns contatos para um possível agendamento tenham sido por mim tentados.
[28] Depoimento de Maria do Carmo Galvão concedido em 05 de fevereiro de 2002.

O Xavier gerou o SAGA, e logicamente tem muito orgulho disso, e realmente deve ter. Se você analisar os sistemas que existem, como o do INPE, verá que há por trás muita tecnologia e mão-de-obra especializada e qualificada. Mesmo não possuindo essa infra-estrutura de pesquisa, o Xavier conseguiu criar um sistema relativamente simples, que funciona e permite que você trabalhe, como qualquer outro sistema. (...) Até porque o Xavier tinha sido requisitado pelo Radam. Foi no Radam que ele teve a possibilidade de trabalhar com o geoprocessamento. Ali ele obteve um certo respaldo de pesquisa que propiciou condições para ele montar realmente o sistema.[29]

Já a área de Geomorfologia acaba ficando a cargo dos professores Maria Regina Mousinho Meis (Geomorfologia do Quaternário); Dieter Muehe (Geomorfologia Costeira); Jorge Marques (Geomorfologia mais vinculada à parte fluvial); e Elmo Amador, Antônio Teixeira Guerra, Ana Luiza Coelho Neto e Josilda Rodrigues Moura,[30] responsáveis pela organização de diferentes laboratórios de pesquisa e pelo desenvolvimento de diversificados projetos de investigação.

Vinte anos depois da implantação do curso de Mestrado, é implementado o curso de Doutorado em Geografia, em 1992, consolidando ainda mais a articulação entre ensino e pesquisa em Geografia na Universidade Federal do Rio de Janeiro. Buscando avaliar as principais tendências dos estudos geográficos oriundos da Geografia Universitária no Rio de Janeiro, elegeu-se como fonte de pesquisa as dissertações de mestrado e teses de doutorados defendidas no Programa de pós-graduação em Geografia da UFRJ, de 1975 a 1999.

---

[29] Depoimento de Jorge Soares Marques concedido em 12 de setembro de 2001.
[30] Depoimento de Jorge Soares Marques concedido em 12 de setembro de 2001.

B) **IMPORTÂNCIA E CARACTERÍSTICA DA PRODUÇÃO DISCENTE DO PROGRAMA DE PÓS-GRADUAÇÃO COMO FONTE DOCUMENTAL**

A eleição desse material como fonte de investigação surgiu, em primeiro lugar, da importância do programa de pós-graduação para a história da Geografia universitária no Rio de Janeiro. O lugar central ocupado pelo programa, não apenas em relação à qualificação do corpo docente e ao desenvolvimento da pesquisa da própria UFRJ, mas também em relação as outras universidades do estado e, em menor escala, do país, por si só o coloca como um elemento singular na historiografia da Geografia brasileira.

A pós-graduação em Geografia da UFRJ se torna um núcleo difusor da Geografia no Brasil, dividindo esse papel durante um bom período principalmente com a Universidade de São Paulo, muito embora seu doutoramento só tenha tido início nos anos 1990, a mesma década em que os programas de pós-graduação começam a proliferar por todo o país. Assim, conhecer a produção do corpo discente da pós-graduação da UFRJ possibilita não apenas apontar algumas tendências de estudos e pesquisa da universidade, como também da Geografia brasileira.

A importância e a influência da pós-graduação da UFRJ podem ser sentidas ao se analisar, por exemplo, a formação dos grupos de professores das outras duas universidades públicas que possuem o curso de Geografia no Rio de Janeiro. Em 1999, dos doze professores doutores em Geografia da Universidade Federal Fluminense, cerca de 42% tiveram seus títulos obtidos na UFRJ, 60% na USP e 8% no exterior. No mesmo ano, dos nove professores doutores da Universidade do Estado do Rio de Janeiro, 30% se formaram na UFRJ, 30% na USP e 30% no exterior.

Já quando se observa a formação dos professores de Geografia da própria UFRJ, é curioso notar que, em 1999, dos seus 25 doutores, 64% obtiveram seu título no exterior, 28% na própria UFRJ, 4% na

USP e 4% na Universidade de Campinas. A concentração dos doutores formados fora do país na UFRJ pode ser explicada, em parte, não somente em função da tardia criação do curso de doutorado nessa universidade, mas sobretudo em virtude de uma clara política institucional, marcada pela necessidade de afirmação e autonomia diante da Universidade de São Paulo, a primeira a implantar o curso de doutoramento no país. De certa maneira, essa característica da UFRJ aponta também a intenção, por parte da Geografia da universidade, de assinalar sua inserção internacional.

A produção discente da pós-graduação em Geografia da UFRJ pode então ser vista como um excelente indicador da singularidade da Geografia universitária no Rio de Janeiro, refletindo, em parte, a produção e as linhas de pesquisa dos docentes.

Cumpre ainda mencionar que a opção por trabalhar com essa fonte surgiu também como alternativa documental diante da inexistência e da dispersão dos registros sobre a Geografia universitária no Rio de Janeiro, a partir de 1968. Três grandes eventos podem explicar parcialmente a dificuldade de acesso a esses documentos. O primeiro está vinculado à situação política do país e à repressão exercida nas universidades pelo governo militar, pós-1964. O segundo está relacionado à mudança da capital federal, que resultou na transferência de muitos órgãos públicos, ou parte deles, para Brasília, como o MEC, por exemplo. O terceiro, mais especificamente relacionado ao urso de Geografia, refere-se à mudança administrativa e física da Geografia para o Instituto de Geociências e para a Ilha do Fundão.

Assim, a reconstituição da historiografia da Geografia na Universidade por meio de documentos oficiais, como Atas da Congregação do Conselho Departamental, etc., conforme estava sendo desenvolvida para o período anterior a 1968, apresentava muitos complicadores que impediram a sua realização. Dentre eles a inexistência de um núcleo documental na universidade, a ser visitado e explorado como o que havia possibilitado grande parte da investigação até 1968, o PROEDES. Os documentos agora estavam alocados em diferentes setores administrativos da UFRJ, portanto não estavam abertos nem aparelhados para o recebimento de pesquisadores. Transpor as inúmeras barreiras burocráticas não seria impossível, mas demandaria muito tempo para acessar e depois manipular a documentação, fato singular não apenas para a UFRJ, mas para todas as universidades do Rio de Janeiro.

Nesse sentido, a partir de 1968 foram valorizados os depoimentos pessoais de importantes docentes da universidade, como também a produção do programa de pós-graduação, que, pelo seu papel dinamizador, definia-se como uma significativa fonte documental. A associação das duas formas de registro acabou dando novo tom à investigação, interrompendo o ritmo do discurso desenvolvido até então e complementando o relato historiográfico. A análise da produção discente do programa de pós-graduação possibilitaria, de fato, uma síntese e uma projeção das tendências dos estudos da Geografia universitária do Rio de Janeiro. Como essa produção era bastante numerosa, o tratamento desse material acabou demandando um extenso e rigoroso processo de classificação, como será apresentado a seguir.

c) PROCESSO E CRITÉRIOS DE CLASSIFICAÇÃO DA PRODUÇÃO DISCENTE DO PROGRAMA DE PÓS-GRADUAÇÃO

Até 1999, a pós-graduação em Geografia da UFRJ contava com 272 dissertações e teses defendidas. Desse total, 244 trabalhos foram encontrados e analisados, ou seja, cerca de 90% do universo existente. Os dados e informações relativos às teses e dissertações foram catalogados a partir de onze itens: área de conhecimento, ano de defesa, autor, orientação, título do trabalho, objetivo central, recorte espacial, escala geográfica, conceitos, área de especialização e metodologia de trabalho. Foi montado um quadro de referências para a análise da produção, organizadas tabelas e gráficos e confeccionado um mapa retratando cinco itens: área de conhecimento, ano de defesa, área de especialização, escala geográfica de análise e recorte espacial das pesquisas. Antes de apresentar esse material, cabe contudo tecer algumas considerações sobre os critérios de classificação desenvolvidos e adotados.

Primeiramente, a produção discente foi ordenada a partir de duas entradas, que foram chamadas, de acordo com a classificação do CNPq, de áreas de conhecimento, a saber: Geografia Física e Geografia Humana. A partir dessas áreas, as teses e dissertações foram classificadas em campos mais específicos, em subáreas, capazes de demonstrar melhor as especializações dos estudos geográficos universitários desenvolvidos no Rio de Janeiro. Essas subáreas foram denominadas de áreas de especialização.

Com base nos autores BATALLA, R.J. e Sala, M. (1996), HOLT-JENSEN, A. (1992), GREGORY, K.J. (1992) e na classificação das áreas de concentração estabelecidas pela UFRJ, em 1999 foi construída e adotada, a partir das áreas de conhecimento Geografia Física e Geografia Humana, a seguinte classificação geográfica das áreas de especialização: a produção da Geografia Física foi organizada em Geomorfologia, Geoecologia, Pedologia, Climatologia e Geoprocessamento; já a produção da Geografia Humana foi classificada em Geografia Econômica, Geografia Urbana, Geografia Agrária, História do Pensamento Geográfico, Geografia Política, Geografia e Ensino e Geoprocessamento.

Para o estabelecimento dessas áreas de especialização tomamos por base a divisão tradicional da Geografia, em ramificações sistemáticas da Geografia especializada, divisões históricas importantes e utilizadas pelas universidades como estrutura de seus cursos.[31] A partir dessa entrada, procuramos incorporar algumas tendências dos estudos geográficos contemporâneos desenvolvidos no Brasil. Assim, tanto a classificação do CNPq quanto a do programa de pós-graduação em Geografia da UFRJ e os objetos de estudo das próprias dissertações e teses analisadas foram de extrema importância para a fixação da classificação das áreas de especialização adotada.

Na área de especialização em Geomorfologia foram incluídos os estudos de Geomorfologia Costeira, Geomorfologia Continental, Paleontologia e Hidrologia. Como muitos trabalhos analisados apresentavam zonas de superposição, principalmente com relação à HidroGeografia, optamos por agrupá-los em uma mesma área de especialização. Assim, na área de especialização Geoecologia adotamos a perspectiva ecossistêmica e incluímos os estudos da distribuição espacial e temporal de espécies animais e vegetais, fauna, flora e microorganismos, assim como as ações e interferências antrópicas.[32] Na área de especialização Pedologia incluímos os estudos sobre as características físicas, químicas e biológicas do solo, assim como de sua gênese e classificação. Na área de especialização Climatologia foram classificados os estudos sobre as trocas energéticas entre a superfície terrestre e a atmosfera, diante da freqüência dos acontecimentos meteorológicos. Por último, a área de Geoprocessamento está diretamente relacionada aos desenvolvimentos tecnológicos da teledetecção e do processamento automático de dados associados às suas representações espaciais. Referenciados territorialmente, esses desenvolvimentos tecnológicos são amplamente utilizados no planejamento espacial, ambiental, urbano e agrícola.

Na área de especialização Geografia Econômica foram englobados os estudos sobre as representações espaciais dos

---

[31] HOLT-JENSEN, A. 1992, p.5-12.
[32] Esta classificação aproxima-se da área de especialização BioGeografia, estabelecida por Batalla, R.J. e Sala, M., 1996, p.137-159.

fenômenos econômicos: o setor industrial, petroquímico, turístico, etc.; o setor comercial; o setor de serviços; o estudo de redes/circulação, rede elétrica, rede rodoviária, sistema bancário, etc.; a atividade pesqueira; a divisão territorial do trabalho e mobilidade do trabalho. Na área de especialização Geografia Urbana foram incluídos trabalhos sobre a cidade e o urbano a partir de diferentes óticas: econômica, cultural, política, histórica. Na área de especialização da Geografia Agrária foram incluídos estudos sobre a produção e as relações de produção no campo, como lavoura canavieira, pecuária, os CAIs, os pequenos produtores, reforma agrária, estrutura fundiária, etc. Na área de especialização História do Pensamento Geográfico estão incluídos os estudos de história e metodologia da Geografia, autores, natureza/história, viajantes, etc. Na área de especialização Geografia Política foram inseridos os estudos sobre ordenamento e gestão territorial, geopolítica da biodiversidade na Amazônia, Geografia eleitoral, divisão territorial, etc. Na área de Geografia e Ensino, estudos sobre a Geografia escolar. E, por fim, a área de especialização de Geoprocessamento aparece também na Geografia Humana voltada exclusivamente para o planejamento urbano.

Com relação às escalas geográficas, foi estabelecida uma classificação que contempla quatro escalas: mundial, nacional, regional e local. A escala regional, de mais difícil identificação, aglutinou tanto os estudos que tratavam de eventos abrangendo um ou mais estados, quanto investigações que se detinham em zonas dentro de um próprio estado. É importante mencionar que a classificação dessa escala não corresponde, em sua grande maioria, à concepção dos tradicionais estudos regionais dos anos 30, que, aglutinando vários estados a partir de suas características fisiográficas, buscavam uma leitura territorial capaz de minimizar as tendências centrífugas típicas da Primeira República. Na realidade, a escala regional aqui definida apenas indica uma área espacial mais extensa do que a dos estudos locais.

O recorte espacial foi fixado essencialmente pelos estados da federação onde as pesquisas se localizavam, com exceção do Estado do Rio de Janeiro, onde foi realizada uma clivagem mais detalhada dos trabalhos, tendo sido contabilizados separadamente aqueles dedicados à cidade do Rio de Janeiro, em função de sua significativa produção. As dissertações e teses que trataram das grandes regiões brasileiras foram também quantificadas e representadas. Os trabalhos que não se limitavam apenas a um estado, por abrangerem trechos de rios e estradas, apesar de contabilizados não foram representados.

d) **UMA ANÁLISE DA PRODUÇÃO DISCENTE DO PROGRAMA DE PÓS-GRADUAÇÃO EM GEOGRAFIA**

Ao analisar a produção discente do programa é possível verificar que no período 1975-1999, embora com supremacia da Geografia Humana, há um certo equilíbrio entre os estudos dedicados à Geografia Humana (55%) e à Geografia Física (45%) (gráfico 1).

GRÁFICO 1

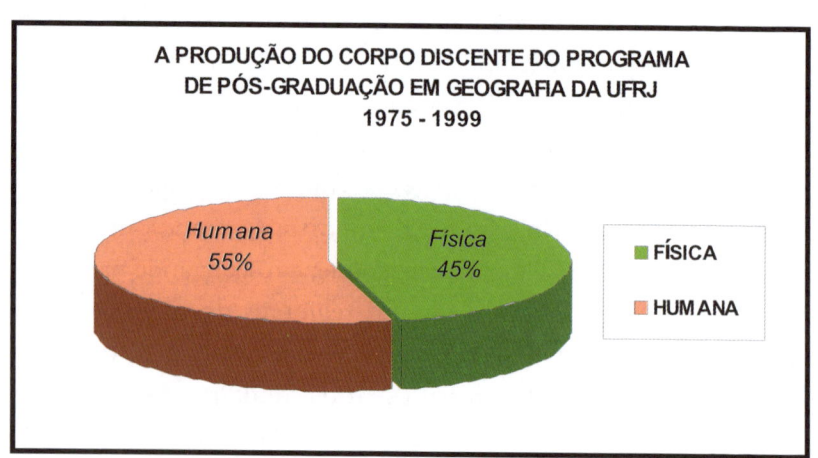

A PRODUÇÃO DO CORPO DISCENTE DO PROGRAMA
DE PÓS-GRADUAÇÃO EM GEOGRAFIA DA UFRJ
1975 - 1999

- Humana 55%
- Física 45%

Se a produção for examinada por décadas, é interessante notar que nos anos 90 a Geografia Física recebe significativo incremento, passando de 33% do total da produção na década de 1960, para cerca de 50% na década de 1990 (gráfico 2). Os principais responsáveis por esse crescimento foram os estudos das áreas de especialização de Geomorfologia, Geoecologia e Geoprocessamento (gráfico 3).

GRÁFICO 2

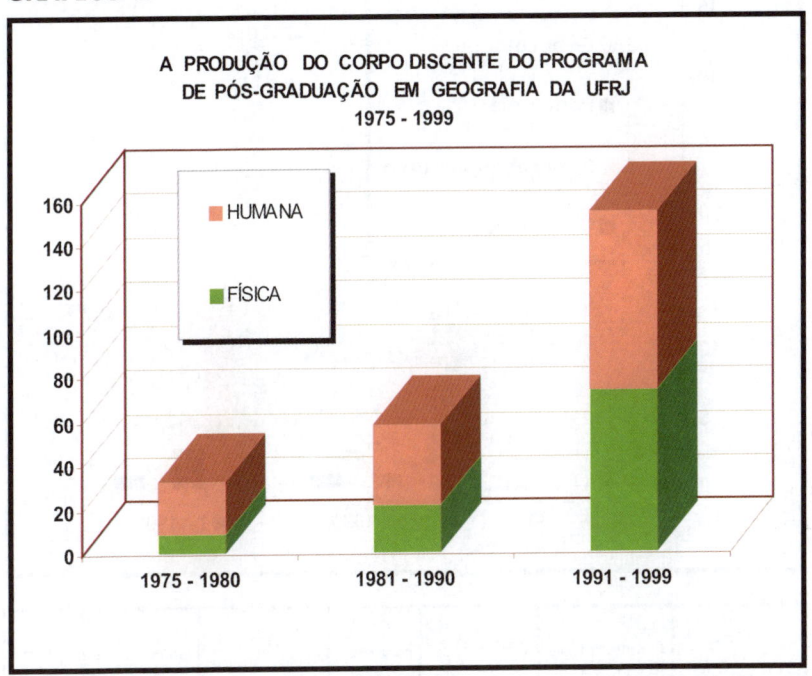

A PRODUÇÃO DO CORPO DISCENTE DO PROGRAMA DE PÓS-GRADUAÇÃO EM GEOGRAFIA DA UFRJ
1975 - 1999

	FÍSICA	HUMANA	TOTAL
1975 - 1980	8	24	32
1981 - 1990	21	37	58
1991 - 1999	73	81	154
Total	102	142	244

GRÁFICO 3

A PRODUÇÃO DO CORPO DISCENTE EM GEOGRAFIA FÍSICA DO PROGRAMA DE PÓS-GRADUAÇÃO EM GEOGRAFIA DA UFRJ, SEGUNDO ÁREAS DE ESPECIALIZAÇÃO.
1975 - 1999

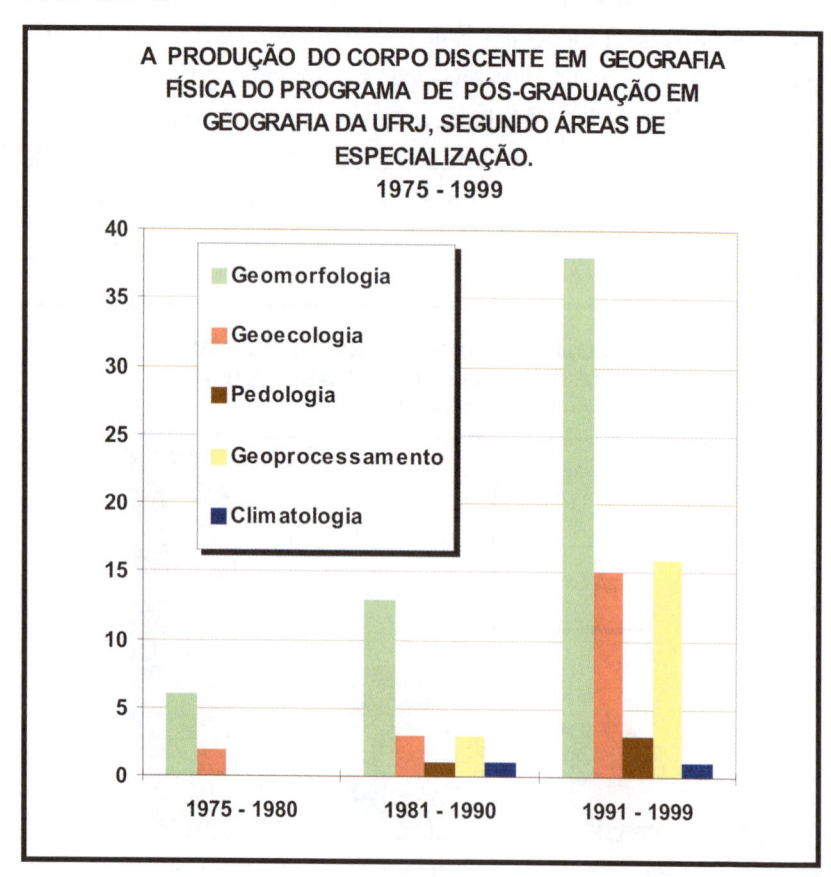

	Geomorfologia	Geoecologia	Pedologia	Geo processamento	Climatologia	Total
1975 – 1980	6	2	0	0	0	8
1981 – 1990	13	3	1	3	1	21
1991 – 1999	38	15	3	16	1	73
Total	57	20	4	19	2	102

Na Geografia Física do período investigado, 1975-1999, prevalecem os estudos de Geomorfologia (55%), seguidos dos estudos de Geoecologia (20%) e Geoprocessamento (19%) (gráfico 4). Três grandes áreas de trabalho da Geografia Física na UFRJ foram levadas à frente principalmente pelos docentes Dieter Muehe, Jorge Soares Marques, Antônio Teixeira Guerra, Ana Luiza Coelho Neto, Josilda Rodrigues Moura, Elmo Amador e Jorge Xavier da Silva.

GRÁFICO 4

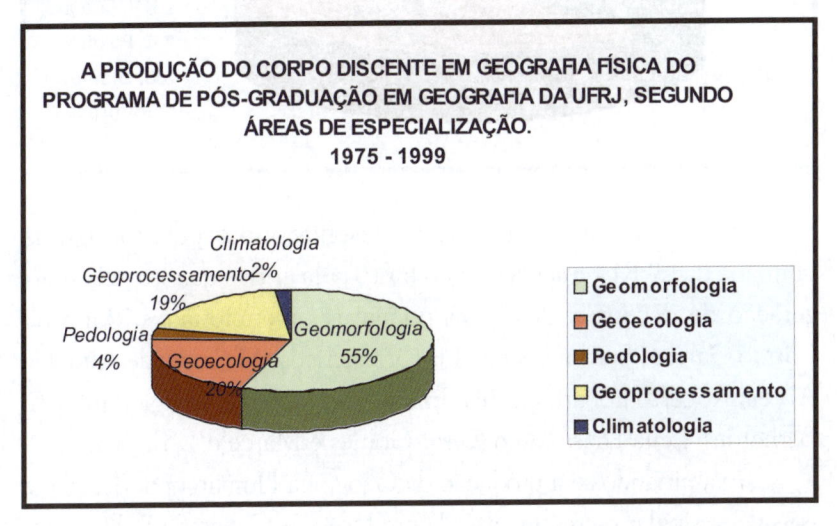

A PRODUÇÃO DO CORPO DISCENTE EM GEOGRAFIA FÍSICA DO PROGRAMA DE PÓS-GRADUAÇÃO EM GEOGRAFIA DA UFRJ, SEGUNDO ÁREAS DE ESPECIALIZAÇÃO.
1975 - 1999

- Geomorfologia 55%
- Geoecologia 20%
- Pedologia 4%
- Geoprocessamento 19%
- Climatologia 2%

Analisando-se o total das dissertações e teses da Geografia Humana, observa-se a predominância dos estudos urbanos, com 42% da produção, seguidos pelos econômicos, com 20%, pelas pesquisas de Geografia Política, com 17%, e pela Geografia Agrária, com 15% (gráfico 5).

GRÁFICO 5

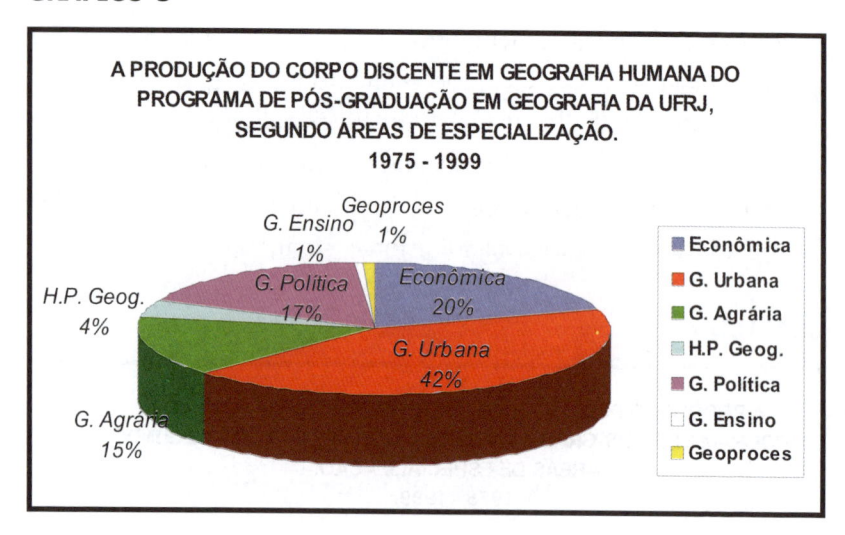

A PRODUÇÃO DO CORPO DISCENTE EM GEOGRAFIA HUMANA DO PROGRAMA DE PÓS-GRADUAÇÃO EM GEOGRAFIA DA UFRJ, SEGUNDO ÁREAS DE ESPECIALIZAÇÃO.
1975 - 1999

- Econômica: 20%
- G. Urbana: 42%
- G. Agrária: 15%
- H.P. Geog.: 4%
- G. Política: 17%
- G. Ensino: 1%
- Geoproces: 1%

São quatro áreas de estudo desenvolvidas pela Geografia Humana da UFRJ e impulsionadas tanto pela antiga quanto pela nova geração de docentes, dos quais podem ser mencionados Maria do Carmo Galvão, Bertha Becker, Lia O. Machado, Maurício de Almeida Abreu, Roberto Lobato Corrêa, Iná de Castro, Cláudio Egler, Júlia A. Bernardes, Leila Dias, Paulo Cesar Gomes e Marcelo L. de Souza.

Examinando-se a produção da Geografia Humana por décadas é possível assinalar o crescimento da produção de Geografia Política nos anos 90, que fora levada adiante principalmente por Bertha Becker e Lia Osório. Esses estudos tinham como objeto de investigação a realidade territorial brasileira, com predomínio da escala de análise regional, seguida da escala local e da escala nacional. A Geografia Urbana mantém sua preponderância desde a década de 1970, principalmente a partir dos professores Roberto Lobato Corrêa e Maurício Abreu. Sua escala geográfica privilegia estudos locais (gráfico 6).

GRÁFICO 6

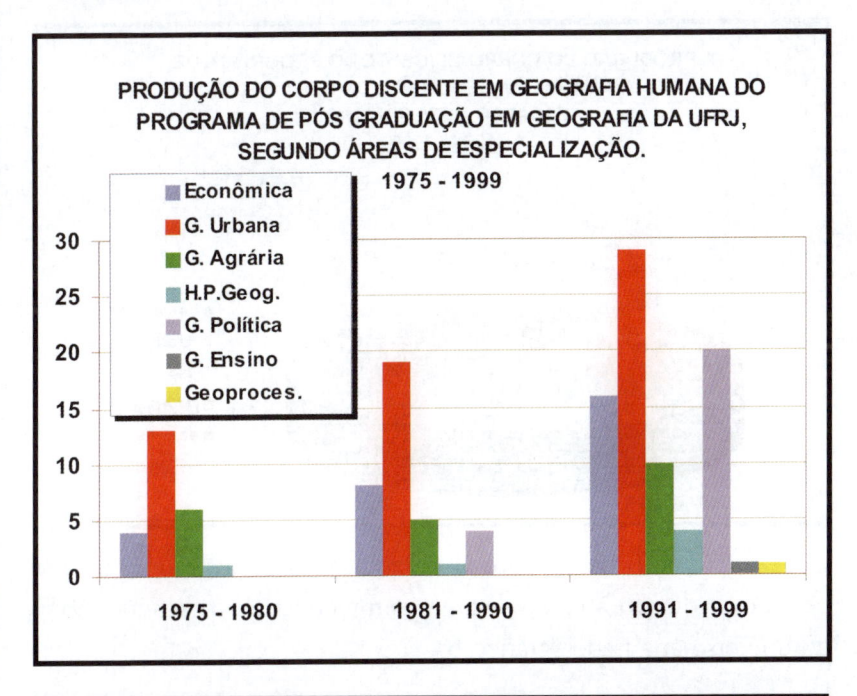

PRODUÇÃO DO CORPO DISCENTE EM GEOGRAFIA HUMANA DO PROGRAMA DE PÓS GRADUAÇÃO EM GEOGRAFIA DA UFRJ, SEGUNDO ÁREAS DE ESPECIALIZAÇÃO.
1975 - 1999

	Geo. Econômica	Geo. Urbana	Geo. Agrária	H.P. Geog.	Geo. Política	Ensino	Geo proces.	Total
1975 - 1980	4	13	6	1	0	0	0	24
1981 - 1990	8	19	5	1	4	0	0	37
1991 - 1999	16	29	10	4	20	1	1	81
Total	28	61	21	6	24	1	1	142

É interessante observar que, no tocante à escala territorial, as dissertações e teses, no período de 1975 a 1999, focalizam, em sua maioria, estudos locais, que respondem por cerca de 69% do universo analisado, seguidos de estudos de escala regional, que representam 20% desse universo (gráfico 7).

GRÁFICO 7

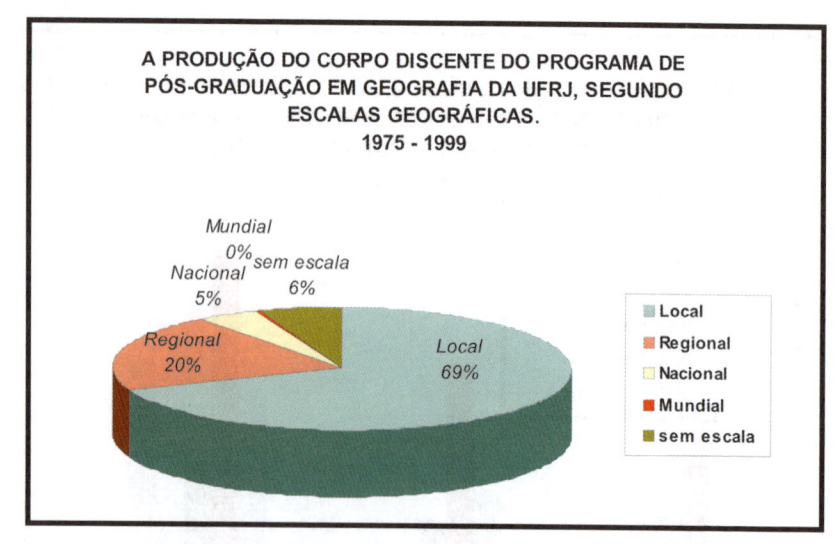

A PRODUÇÃO DO CORPO DISCENTE DO PROGRAMA DE PÓS-GRADUAÇÃO EM GEOGRAFIA DA UFRJ, SEGUNDO ESCALAS GEOGRÁFICAS.
1975 - 1999

- Local: 69%
- Regional: 20%
- Nacional: 5%
- Mundial: 0%
- sem escala: 6%

O número de estudos de Geografia Física para o mesmo período, dedicado à escala local, é surpreendente, indicando 91% do universo analisado (gráfico 8).

GRÁFICO 8

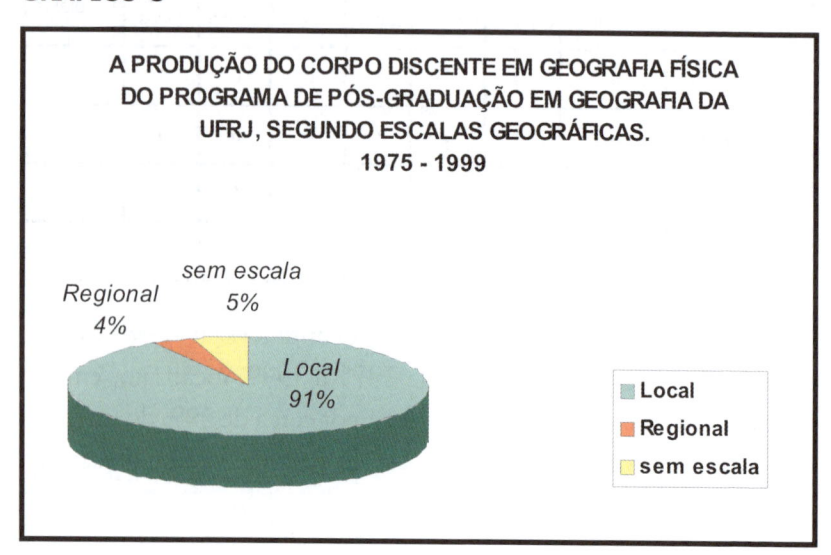

A PRODUÇÃO DO CORPO DISCENTE EM GEOGRAFIA FÍSICA DO PROGRAMA DE PÓS-GRADUAÇÃO EM GEOGRAFIA DA UFRJ, SEGUNDO ESCALAS GEOGRÁFICAS.
1975 - 1999

- Local: 91%
- Regional: 4%
- sem escala: 5%

Na Geografia Humana, apesar de essa escala de análise ser privilegiada, com cerca de 53% do total dos trabalhos, destaca-se a escala regional, com 32%, seguida da nacional, com 8% (gráfico 9).

GRÁFICO 9

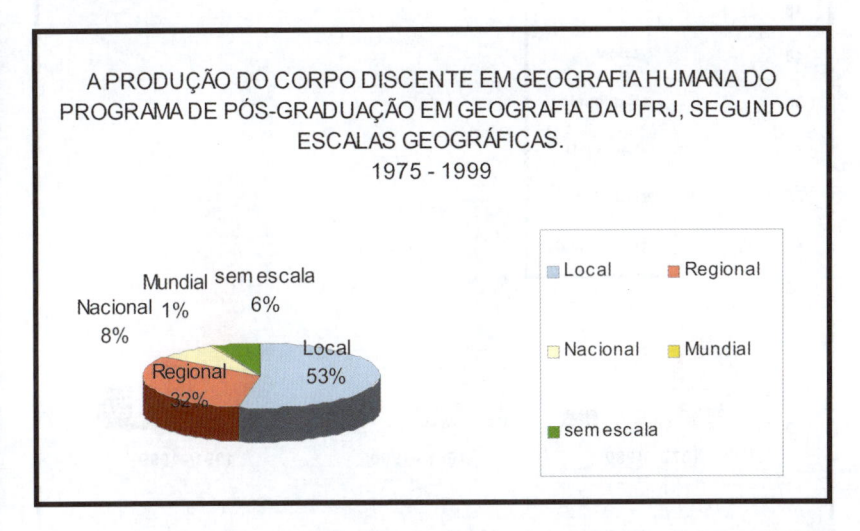

A PRODUÇÃO DO CORPO DISCENTE EM GEOGRAFIA HUMANA DO PROGRAMA DE PÓS-GRADUAÇÃO EM GEOGRAFIA DA UFRJ, SEGUNDO ESCALAS GEOGRÁFICAS.
1975 - 1999

- Local 53%
- Regional 32%
- Nacional 8%
- Mundial 1%
- sem escala 6%

Se for averiguada por décadas apenas a produção da Geografia Humana, nota-se que os anos 80 apontaram um expressivo destaque da escala local, enquanto o número de trabalhos dedicados à escala regional foi reduzido. Já na década de 1990 os estudos locais mantêm o mesmo ritmo de crescimento, e os regionais apresentam considerável incremento, assim como os trabalhos dedicados à escala nacional, embora em termos absolutos esta escala continue sendo muito pouco privilegiada (gráfico 10).

GRÁFICO 10

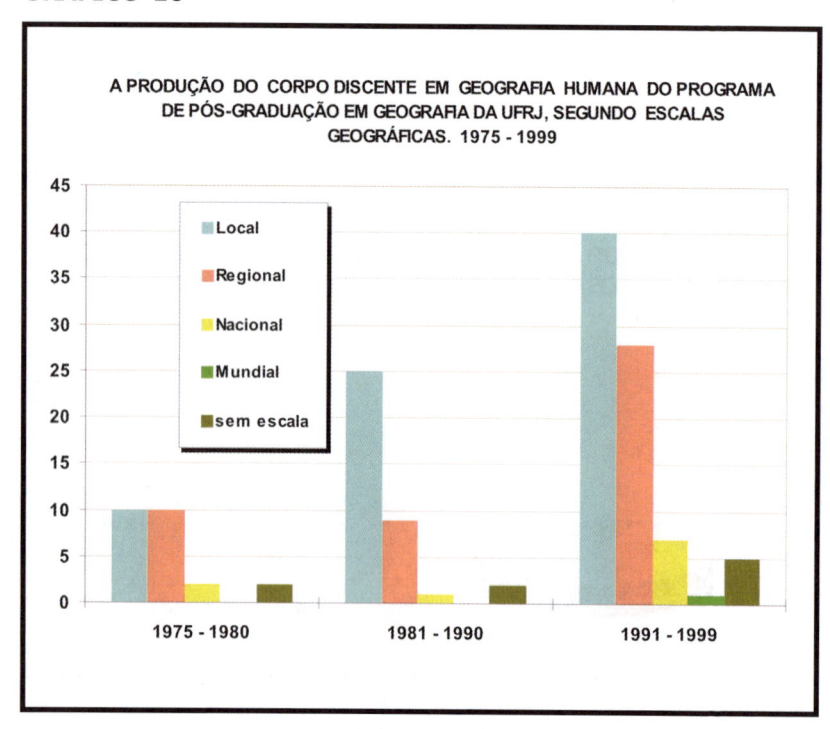

A PRODUÇÃO DO CORPO DISCENTE EM GEOGRAFIA HUMANA DO PROGRAMA DE PÓS-GRADUAÇÃO EM GEOGRAFIA DA UFRJ, SEGUNDO ESCALAS GEOGRÁFICAS. 1975 - 1999

	Local	Regional	Nacional	Mundial	sem escala	Total
1975 - 1980	10	10	2	0	2	24
1981 - 1990	25	9	1	0	2	37
1991 - 1999	40	28	7	1	4	81
Total	75	47	10	1	8	142

Possivelmente a falta de interesse pela escala regional pode estar relacionada à plataforma política democratizante de 1974, que veiculou idéias de descentralização, associando o planejamento federal ao autoritarismo, uma vez que a visão territorial era evidente na estrutura institucional do aparelho de Estado adotada pela ditadura. Isso porque o governo militar, pela primeira vez na história brasileira, havia agrupado em um único órgão executor, o extinto Ministério do Interior, diversas agências responsáveis pelas políticas de produção e organização do espaço. A associação do planejamento territorial estatal ao período da ditadura brasileira acabou elegendo o poder local como instância democrática por excelência, e a Constituição de 1988 espelha bastante essa mentalidade localista e antiestadista, que, de forma inovadora, não concebe o país numa visão integrada e total do território.[33]

Com relação ao recorte espacial das pesquisas, a maior parte dos estados da federação, com exceção dos estados de Roraima, Mato Grosso do Sul, Paraná e Amapá, foi área de investigação. Embora não sejam expressivos, cabe destacar os registros de pesquisas em países latino-americanos como Costa Rica, Colômbia e Peru, assim como na África e Antártica. Possivelmente, tanto as investigações em outros estados da federação como em outros países foram levadas à frente por alunos que vinham ao Rio de Janeiro para cursar a pós-graduação, o que demonstra sua área de abrangência. Mas o que realmente chama a atenção é a quantidade de trabalhos voltados para o Rio de Janeiro. Cerca de 52% do total das dissertações e teses, entre 1975 e 1999, tiveram o Rio de Janeiro como área de investigação, enquanto apenas 4% se dedicaram ao Brasil. Se a produção for examinada separadamente, entre a cidade e o estado do Rio de Janeiro, a cidade se destaca, com 33% dessas produções, ao passo que o estado apresenta 19% do seu total. Aprofundando um pouco mais a análise, observa-se que, para a cidade, a Geografia Humana apresenta maior contribuição, ao passo que para o estado a Geografia Física se destaca (mapa 1).

---

[33] MORAES, 2002, p.128-131.

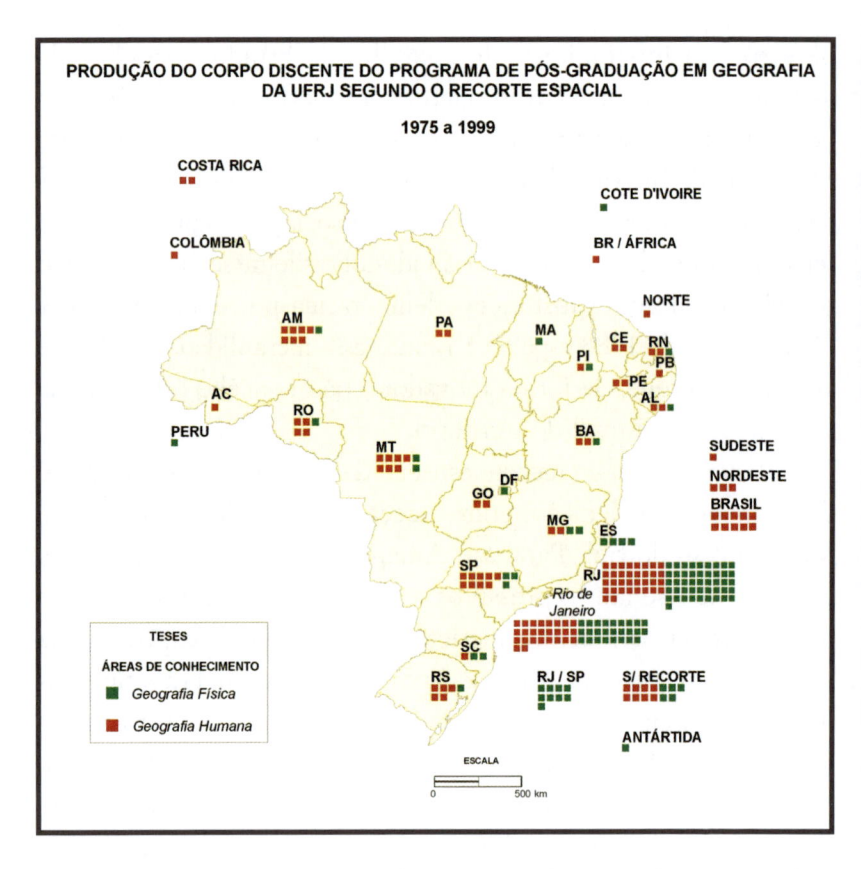

PRODUÇÃO DO CORPO DISCENTE DO PROGRAMA DE PÓS-GRADUAÇÃO EM GEOGRAFIA DA UFRJ SEGUNDO O RECORTE ESPACIAL

1975 a 1999

TESES
ÁREAS DE CONHECIMENTO
- Geografia Física
- Geografia Humana

Do panorama apresentado, três grandes considerações podem ser tecidas. A primeira diz respeito à concentração dos estudos urbanos. Essa concentração é fruto não apenas da condição contemporânea da sociedade brasileira, com cerca de 80% de população urbana, processo desencadeado desde os anos 60, mas também da influência dos trabalhos de Maria Therezinha Segadas Soares, na Universidade, e de Lysia Bernardes, no IBGE. O papel desencadeado pelo IBGE nessa área de estudo foi fundamental, uma vez que Roberto Lobato Corrêa, orientador da maior parte das teses e dissertações defendidas em Geografia Urbana na UFRJ, havia sido formado nessa grande "Escola" de Geografia.

A segunda consideração refere-se ao incremento da Geografia Política na década de 1990, e que também merece destaque. A incidência de pesquisas sobre o espaço amazonense e sobre o Rio de Janeiro nesses estudos é significativa. Possivelmente ela reflete, por um lado, o desencadeamento da ocupação rápida e sistemática da região amazônica na década de 1980, por forças nacionais e internacionais, e por outro lado o desencadeamento de uma crise econômica e política no Rio de Janeiro iniciada com a perda de sua condição de capitalidade, em 1960, aprofundada com a fusão, em 1975. É interessante observar que a linha de pesquisa da Geografia Política havia sido implantada por Bertha Becker, e, de certa forma, era um desdobramento do CPGB, estruturado por Hilgard Sternberg no início dos anos 50.

Por último, resta considerar que o destaque dado à escala local pela produção discente do programa pode estar relacionado tanto à aproximação entre pesquisador e espaço imediato, o que vem facilitar o desenvolvimento do processo de pesquisa, quanto ao baixo custo dos investimentos financeiros, técnicos e humanos da pesquisa em Geografia nessa escala de análise, uma vez que a maior parte da produção também está concentrada no Rio de Janeiro. Entretanto, essa tendência não parece ser exclusiva da Geografia universitária do Rio de Janeiro, mas sim da conduta geral da ciência geográfica, fundamentada nos estudos idiográficos, tão discutidos, e em sua histórica dificuldade em construir grandes sistemas interpretativos do espaço.

Como o desenvolvimento de uma dissertação de mestrado e de uma tese de doutorado são, de fato, estágios iniciais na formação do pesquisador, é compreensível que o foco de estudo seja constituído por recortes espaciais mais delimitados, uma vez que debates mais amplos, vinculados, por exemplo, à escala territorial nacional, vão exigir uma maior acumulação de capital científico.

Dando complementaridade à discussão da escala territorial de análise, vale ainda assinalar o crescimento da escala regional na década de 1990, que esteve bastante vinculado aos estudos de Geografia Política e de Geografia Agrária. Entretanto, cumpre enfatizar que a escala regional aqui tratada não se relaciona à concepção regional clássica da Geografia francesa, presente nos trabalhos geográficos até os anos 50, mas sim a um novo agrupamento de fenômenos expressos em uma área territorial mais ampla do que a local. De toda forma, através dessa escala regional de trabalho as questões nacionais, e mesmo as internacionais, têm se apresentado com bastante freqüência, evidenciando uma forma tipicamente geográfica de interpretação e tratamento espacial do Estado brasileiro, o que em parte explica a pouca expressão das teses e dissertações voltadas exclusivamente para a escala nacional.

CONCLUSÃO

CONCLUSÃO

CONCLUSÃO

> No ensino superior, onde acertadamente entrou há poucos anos o ensino da Geografia, cabe à Universidade uma missão especial no ramo que nos interessa – a formação do professor-cidadão. Esta alta função deve ser desempenhada com amor, clarividência e aptidão. São e serão os nossos discípulos os mestres de amanhã; sobre eles recairá a responsabilidade da formação mental e cívica de nossos futuros professores. A estes, o meu último apêlo:
> Mestres e professores brasileiros! Ensinem às novas gerações que se levantam a Geografia de nosso Brasil. Digam-lhes bem quanto nossa terra é grande e generosa, quanto necessita de inteligência para compreendê-la, de atividade para engrandecê-la e de coração para amá-la.
>
> Carlos Delgado de Carvalho

A trajetória empreendida neste estudo esteve orientada pelo campo científico da moderna Geografia brasileira, que tem suas raízes na efervescência institucional dos anos iniciais da década de 1930. De fato, o objetivo central desta pesquisa foi o de apresentar um quadro de referências para a comunidade científica da Geografia brasileira, capaz de contribuir para a reflexão sobre sua prática de trabalho e suas perspectivas de reprodução diante das outras áreas de conhecimento. Trata-se apenas de uma versão da história da Geografia institucionalizada, a qual procurou privilegiar as principais instituições que lhe deram suporte, assim como seus mais expressivos representantes.

A recuperação histórica e crítica acerca do campo científico geográfico foi realizada a partir dos percursos e práticas acadêmicas dos indivíduos e das redes institucionais de ensino e pesquisa diretamente envolvidas com a Geografia. Buscou-se reconhecer os processos de legitimação da ciência geográfica brasileira mediante a identificação de elementos constitutivos de seu próprio campo institucional, como suas autoridades científicas e as características do capital social de que dispunham. O objeto de estudo delimitado para esse reconhecimento se sustentou na Geografia universitária desenvolvida no Rio de Janeiro, mais especificamente na Geografia universitária carioca, representada aqui pela Geografia da Universidade Federal do Rio de Janeiro, uma importante referência nacional cujas raízes remontam aos anos de 1935.

A historiografia da Geografia carioca aqui reconstituída acabou demonstrando que a relação simbiótica entre as questões nacionais e regionais/locais, fruto da histórica condição de capitalidade da cidade do Rio de Janeiro, provocou uma estreita associação entre a universidade, o Conselho Nacional de Geografia e o Instituto Brasileiro de Geografia e Estatística, órgãos criados pelo governo Vargas para a execução e planejamento político-territorial nacional. Essa simbiose também edificou a idéia da identificação da Geografia universitária carioca como Geografia brasileira, colocando-a como modelo de Geografia para o Brasil, como matriz de uma Geografia nacional, mas que de fato correspondia à Geografia brasileira implementada e desenvolvida pelo governo federal, principalmente através do IBGE. Essa identificação, contudo, não era de todo despropositada, pois a própria denominação que a universidade recebeu durante 28 anos, Universidade do Brasil (1937-1965), ajudou a construir e a irradiar essa concepção nacional no imaginário coletivo da Geografia brasileira.

Conforme apontou a pesquisa aqui realizada, durante um longo período a Geografia universitária carioca esteve essencialmente associada aos objetivos centralizadores do governo federal, seja através da atuação do então Ministério de Educação e Saúde Pública, no período da Universidade do Distrito Federal, seja através do CNG e do IBGE, no período da Universidade do Brasil. Entretanto, com a mudança da capital para Brasília e o investimento do Governo militar na formação de sua capitalidade, em finais dos anos 60, é rompida essa associação, e a idéia de uma Geografia universitária carioca como Geografia brasileira parece perder sua referência. A universidade, nessa ocasião, também perde seu qualitativo nacional, passando a denominar-se Universidade Federal do Rio de Janeiro. Nesse momento, a Geografia universitária carioca parece vivenciar o começo de uma crise não apenas identitária, mas sobretudo financeira, técnica e humana, uma vez que sua grande matriz provedora perdia igualmente a condição autárquica e seu prestígio político junto ao governo federal.

A incorporação de bens e valores fluminenses e cariocas ao patrimônio nacional pôde ser claramente identificada e concretamente exemplificada ao longo do estudo historiográfico aqui realizado. No período da Universidade do Distrito Federal, entre 1935 e 1937, o curso de Geografia constituía parte do projeto educacional de Anísio Teixeira, que, além de buscar o estabelecimento de um núcleo de formação do quadro intelectual do país, pretendia enfatizar o papel da universidade como fonte de formação da identidade de um povo e do seu caráter nacional, como fonte importante de debate e difusão da cultura brasileira.

A implantação do curso de Geografia na UDF esteve, assim, associada às profundas mudanças de sentido modernizador do sistema educacional no país e ao conjunto de idéias e valores nacionais imputados pelo governo federal. Tanto seus professores quanto seus alunos apresentavam vínculos estreitos com a presidência da República. Nesse sentido, nomes como Carlos Delgado de Carvalho, Fernando Antônio Raja Gabaglia, Pierre Deffontaines, Christóvam Leite de Castro e Fábio Macedo Soares Guimarães são exemplares.

Esses profissionais tinham em comum não apenas extraordinária erudição, mas também a intenção de modernização da ciência geográfica. Eles foram os pioneiros da prática científica em Geografia no país. O caráter modernizador de seus trabalhos pode ser sentido através das produções intelectuais, como as de Delgado de Carvalho e de Pierre Deffontaines, e da atuação pedagógica, como a de

Fernando Raja Gabaglia. Resguardadas as devidas proporções, todos defenderam a entrada de um moderno critério de cientificidade pautado no então modelo de ciência moderna praticada na Europa, principalmente em território francês, a ciência positiva, descritiva, experimental e explicativa.

Todos estavam imbuídos igualmente por um grande projeto: inventar a "tradição nacional", tão acalentada pelos intelectuais sediados no Rio de Janeiro, fortemente ligados à modernização estadonovista. A grande preocupação centrava-se em construir interpretações de Brasil mediante a descrição do território nacional, tarefa que possibilitaria romper com os obstáculos políticos à integração espacial do país, advindos dos poderes de algumas oligarquias regionais.

Na Universidade do Brasil, que havia sido instituída em 1937 com o objetivo de fixar o padrão do ensino superior em todo o país, concepção grandiosa do projeto universitário do ministro Capanema, o curso de Geografia e História, implementado em 1939 na Faculdade Nacional de Filosofia dessa Universidade, apresentar-se-á mais atrelado ainda ao governo federal, agora concretamente, por intermédio do CNG e do IBGE, que também estavam vivenciando seus processos de implantação no mesmo período. Como naquele momento o governo Vargas buscava ampliar o conhecimento sobre o território brasileiro e se cercar de um número mínimo de profissionais da área preparados para atuar tanto no ensino médio e secundário quanto nos novos postos de governo, o desenvolvimento da Geografia universitária configurava-se como um de seus objetivos prioritários.

O CNG e o IBGE não só incorporaram os novos profissionais de Geografia no desenvolvimento das funções estatais, como também, na medida em que eram vinculados diretamente ao presidente da República e dispunham de expressivos recursos financeiros, exerceram enorme influência nas decisões relativas ao campo disciplinar da Geografia universitária no Rio de Janeiro, e mesmo da Geografia brasileira como um todo. Essa gestão "ibgeana" pode ser percebida principalmente em dois grandes episódios. O primeiro refere-se ao processo de separação do Curso de Geografia e História, solicitado em 1940 pelo Diretório Central do Conselho Nacional de Geografia, em Florianópolis, no IX Congresso Brasileiro de Geografia. O CNG também defendia a necessidade de uniformização de todos os currículos dos cursos de Geografia das faculdades de Filosofia do país. Preparava-se, assim, uma reformulação do ensino superior de Geografia em todo o Brasil, a partir do Rio de Janeiro e do seu importante núcleo de poder, o IBGE. Questionando essa reforma, apresentava-se o núcleo de Geografia da Universidade de São Paulo, do qual Pierre Monbeig se fez o primeiro porta-voz. Mas, não obstante essa reação, a separação acabou sendo efetivada e formalizada no ano de 1955, com parceria do Governo Federal, do IBGE e da Geografia da Universidade do Brasil.

O segundo grande episódio que marcou a relação simbiótica entre o IBGE e a Universidade foi a realização do XVIII Congresso Internacional de Geografia, em 1956, no Rio de Janeiro. O IBGE, além de ter disponibilizado geógrafos do seu quadro exclusivamente para o ongresso, como Lysia Bernardes, viabilizou-o financeiramente. Apesar das articulações dos professores da Universidade do Brasil para a realização desse evento, em particular de Hilgard Sternberg, a participação do IBGE foi imprescindível. O congresso apresentou singular importância para o desenvolvimento dos estudos geográficos, fortalecendo não apenas a Geografia brasileira como um todo, mas também a idéia da Geografia carioca como Geografia brasileira. Assim, nesse período, Geografia carioca e Geografia brasileira apresentam-se intimamente associadas.

Esses dois episódios marcam a participação do IBGE na historiografia da Geografia da Universidade do Brasil, principalmente entre 1939 e 1956. Fortalecendo essa associação, pode-se destacar, nesse mesmo período, a atuação de Francis Ruellan, que desenvolve o ensino e a pesquisa em Geografia, particularmente em Geomorfologia, em articulação com investigações que dirigia no CNG, criando espaços profissionais nessa instituição para a carreira de geógrafo, até então inexistente no Brasil. De fato, Francis Ruellan era uma autoridade científica legitimada tanto pela sua enorme capacidade intelectual quanto pela infra-estrutura que disponibilizava do IBGE para a universidade.

Cabe mencionar a atuação de Hilgard Sternberg, catedrático de Geografia do Brasil, que igualmente desfrutava da base material e econômica oferecida pelo governo federal através do IBGE. Apesar de possuir vínculos formais apenas com a universidade, Hilgard Sternberg estabeleceu politicamente fortes laços com esse Instituto, essencialmente através de suas relações com Lysia Bernardes e Nilo Bernardes. A organização do Congresso Internacional e a realização do curso de "Altos Estudos" são bons exemplos dessas articulações.

E, trabalhando de forma mais independente em relação ao IBGE, mas não menos do lado do governo federal, estava um intelectual de grande reconhecimento nacional: o catedrático de Geografia Humana Josué de Castro.

Dentre as preocupações desses profissionais destacava-se, de forma diferenciada, a motivada pelo ideário da construção da nação, indicado principalmente nos inúmeros trabalhos de reconhecimento territorial do Brasil realizados através das excursões de campo de Francis Ruellan e de Hilgard Sternberg.

O reforço do IBGE à universidade vinha também dos seus recursos humanos. Geógrafos do IBGE, e mesmo geógrafos estrangeiros que chegavam ao Brasil por intermédio dessa instituição, ministraram na universidade vários cursos de curta duração, tanto da própria grade curricular quanto de complementação profissional.

No segundo período da Geografia na FNFi, que vai de 1956 a 1968, estendendo-se até a Reforma universitária e a implementação do Instituto de Geociências, embora sejam ainda evidentes as relações com o IBGE, seus profissionais parecem buscar construir um caminho mais autônomo. A política universitária de implantação de tempo integral para seus docentes fortalecia essa tendência. A criação do Centro de Pesquisa de Geografia do Brasil (CPGB) em 1952, por Hilgard Sternberg, representou um primeiro e importante passo na direção dessa autonomia. A partir do CPGB, são fortalecidos laços com as novas agências de fomento implantadas pelo governo federal, como a CAPES e o CNPq, com a própria universidade e com a iniciativa privada, através do apoio recebido da Fundação Rockfeller. O Brasil ainda se destacava como o principal objeto de interesse e de pesquisa da Geografia na Universidade.

É também nesse período que é montado o primeiro grupo de profissionais vinculados e formados diretamente pela própria Geografia da Universidade do Brasil. Eram ex-alunos que, a convite dos catedráticos, passavam à condição de assistentes/instrutores de ensino. Esse novo grupo, composto principalmente por Maria do Carmo Galvão, Bertha Becker, Jorge Xavier da Silva e Maria Therezinha Segadas Soares, levará adiante o curso e a pesquisa em Geografia na Universidade Federal do Rio de Janeiro. Desenvolvem-se, a partir desses profissionais, linhas de pesquisa em Geografia Agrária e Regional do Brasil, Geografia Física e Geografia Urbana. O Brasil ainda se apresentava como o principal objeto de pesquisa desses geógrafos, não obstante o interesse pelo Rio de Janeiro já começasse a ficar bem evidente, especialmente com os trabalhos de Maria do Carmo Galvão e de Maria Therezinha Segadas Soares, esta última desenvolvendo estudos em constante parceria com Lysia Bernardes.

A partir da sistematização bibliográfica e documental realizada, é possível então inferir que a implantação da Geografia carioca, no sentido de sua regionalidade, isto é, uma Geografia voltada para o estudo do Rio de Janeiro, cidade e estado, tenha se efetivado no segundo período que caracteriza a Geografia da Universidade do Brasil, entre 1956 e 1968. Tanto a Revista Brasileira de Geografia e o Boletim Geográfico, ambas publicações coordenadas pelo IBGE, que surgem respectivamente em 1939 e 1945, quanto o Boletim Carioca, da AGB - Rio de Janeiro, com primeiro número em 1948, apresentaram trabalhos precursores sobre a realidade territorial fluminense e carioca, dos quais cabe destacar o de Pedro Pinchas Geiger sobre a Baixada Fluminense, publicado em 1956, no qual se levanta a idéia da presença de um capital urbano aplicado na vida agrícola da Baixada Fluminense; o de Maria Therezinha Segadas Soares e Lysia Bernardes sobre a cidade e a região do Rio de Janeiro, publicado entre 1959 e 1972, um dos primeiros estudos a apontar a metrópole e sua área de influência; e o de Maria do Carmo Galvão sobre o espaço agrário fluminense, desenvolvido desde meados dos anos 50. São produções importantes elaboradas no Rio de Janeiro, sobre a cidade e o estado do Rio de Janeiro, as quais permitem apontar o início de uma verdadeira Geografia carioca com forte participação dos geógrafos da universidade.

Nos anos 70, já com a nova denominação de Universidade Federal do Rio de Janeiro, o curso de Geografia e a Geografia carioca recebem expressivos impulsos com a implantação de seu programa de pós-graduação. Do ponto de vista institucional, ampliam-se à qualificação do corpo docente, os contatos com professores estrangeiros e as articulações entre docentes da própria universidade. A pós-graduação promoveu também a qualificação de profissionais em Geografia de todo o Brasil, para o exercício de atividades e de pesquisa. Com a implementação desse programa em 1972, os elos de dependência com o IBGE parecem começar a ruir. Isso não significa afirmar que as relações entre IBGE e universidade tenham sido rompidas, mas sim que agora a independência da Geografia universitária diante do IBGE, que também perdia sua condição de autarquia, permitia a realização de sua autonomia intelectual e mesmo política.

Implementa-se, a partir de então, uma verdadeira Geografia universitária carioca, que continuará dedicando estudos à realidade territorial brasileira por meio das pesquisas de Bertha Becker e Maria do Carmo Galvão, "herdeiras" do CPGB, mas que igualmente começará, por diversas razões, que incluem também os limites orçamentários, a se voltar para o estudo da cidade e do estado do Rio de Janeiro.

O número de dissertações e teses produzidas pela Geografia da UFRJ sobre o Rio de Janeiro parece apontar essa tendência. A dedicação da Geografia universitária carioca aos estudos do estado e da cidade, como se vem afirmando, pode ser interpretada como um indicador do fortalecimento político do Rio de Janeiro diante dos outros estados da federação; trata-se, portanto, de uma nova forma de desenvolvimento da Geografia brasileira pelo Rio de Janeiro, construída pela primeira vez a partir de sua própria ótica regional, que sempre fora historicamente desprezada.

REFERÊNCIAS BIBLIOGRÁFICAS

REFERÊNCIAS BIBLIOGRÁFICAS

ABRANTES, Vera Lúcia Cortes. *Fragmentos de memória das pesquisas geográficas de campo no IBGE* (1939-1968): imagens e representações numa abordagem da história oral. Rio de Janeiro, 2000. 156p. Dissertação (Mestrado em Memória e Documento), UNI-RIO.

ALMEIDA, José Ricardo Pires de. *História da instrução pública no Brasil (1500 a 1889).* Tradução Antônio Chizzotti. São Paulo: EDUC; Brasília, DF: INEP/MEC, 1989. 365p.

ALMEIDA, Maria H. de. Dilemas da institucionalização das Ciências Sociais no Rio de Janeiro. MICELI, Sergio (Org.). *História das Ciências Sociais no Brasil.* São Paulo: Vértice, Editora da Revista dos Tribunais: IDESP, vol.1, 1989, p.188-216.

ALMEIDA, Roberto S. *A Geografia e os geógrafos do IBGE no período de 1938-1998.* Orientador: Lia Osório Machado. Rio de Janeiro, 2000. Tese (Doutorado em Geografia), Universidade Federal do Rio de Janeiro.

ANDRADE, Manuel Correia de. A AGB e o pensamento geográfico no Brasil. *Terra Livre.* São Paulo: AGB, n.9, jul./dez, 1991. p. 143-152.

ANDRADE, Manuel C. *O Pensamento geográfico e a realidade brasileira.* SANTOS, M. (org). Novos Rumos da Geografia Brasileira. São Paulo: EDUSP, 1980.

ANDRADE, Vera Lucia C. de Queiroz. *Colégio Pedro II: um lugar de memória.* Orientação: Eliane Garcindo de Sá. Rio de Janeiro, 1999. Tese (Doutorado em História Social). Universidade Federal do Rio de Janeiro.

ANUÁRIO DO INSTITUTO DE GEOCIÊNCIAS DA UFRJ. Rio de Janeiro: UFRJ. volume 18 – 1995.

ARCHELA, Rosely S. *Análise da cartografia brasileira: bibliografia da cartografia na Geografia no período de 1935-1997.* Orientador: Maria Elena Ramos Simielle. São Paulo, 2000. Tese (Doutorado em Geografia). Universidade de São Paulo.

AZEVEDO, Fernando de. *A cultura brasileira*. 6 ed. Rio de Janeiro: Editora UFRJ; Brasília: Editora UnB, 1996. 940p.

BACKHEUSER, E. *Novos fatos geográficos e sua repercussão no Brasil*. Boletim Geográfico. Ano 2 (2), dezembro. Rio de Janeiro: IBGE, 1944.

BARROS, Luitgarde O.C. *Arthur Ramos e as dinâmicas sociais de seu tempo*, Maceió: EDUFAL, 2000, 268p.

BATALLA, R.J. e SALA, M. *Teoría y Métodos en Geografía Física*. Editorial Madrid: Sintesis,1996.

BERNARDES, Nilo. *A influência estrangeira no desenvolvimento da Geografia no Brasil*. Revista Brasileira da Geografia. Rio de Janeiro: IBGE, ano 44, n.3, 1982. p.519-528.

BESSA, Vagner de C. *Território e desenvolvimentismo: as ideologias geográficas no governo JK (1956-1960)*. Orientador: Antônio Carlos Robert Moraes. São Paulo, 1994. Dissertação (Mestrado em Geografia). Universidade de São Paulo.

BITTENCOURT, Raul. Breve histórico da Universidade do Brasil e da Faculdade Nacional de Filosofia. In: *Universidade do Brasil*. DIGESTO da Faculdade Nacional de Filosofia. Rio de Janeiro, 1955, p.13-29. (Arquivo PROEDES/UFRJ: UDF, 129)

BOMENY, Helena. Educação e cultura no Arquivo Geiser. CASTRO, C. D'ARAUJO, M.C. *Dossiê Geisel*. Rio de Janeiro:FGV, 2002, p.89-103.

BOURDIEU, Pierre. A gênese dos conceitos de habitus e de campo. In: _____. *O poder simbólico*. Rio de Janeiro: Bertrand Brasil, 1989. p. 59-73.

BOURDIEU, Pierre. O campo científico. In ORTIZ, Renato (org). *Pierre Bourdieu: Sociologia*. São Paulo: Ática, 1994, p.122-155.

BURKE, Peter. *A Escola dos Annales (1929-1989): a Revolução Francesa da historiografia*. São Paulo: Fundação Editora da Unesp, 1997.

CABREIRA, Marcia M. *Vargas e o rearranjo espacial do Brasil: a amazônia brasileira – um estudo de caso*. Orientador: Maria R.C.T. Sader. São Paulo, 1996. Dissertação (Mestrado em Geografia). Universidade de São Paulo.

CAPEL, Horacio. Institucionalización de la Geografia y estrategia de la comunidad científica de los geografos. Barcelona: *Geocritica*, n 8 e 9, 1977.

_____. *Filosofia y Ciência em La Geografia Contemporânea*. Barcanova, Barcelona, 1981.

CARDOSO, Irene de Arrua Ribeiro. *A universidade da comunhão paulista: o projeto de criação da Universidade de São Paulo.* São Paulo: Autores Associados: Cortez. 1982. 187p. (Coleção Educação Contemporânea, Série Memória da Educação).

CARVALHO, Carlos M. Delgado de. *Un Centre Économique au Brésil: L'État de Minas.* Paris, Livraria Aitland, 1908.

_____. *Geographia do Brasil*, Tomo I, Geographia Geral, RJ, Emp. Photo-Mechanica do Brasil, 1913.

_____. *Le Brésil Méridional: étude économique sur les états du sud,* E. Desfossés, Paris, 1910.

_____. *Météorologie du Brésil,* São Paulo e Rio de Janeiro, Companhia Melhoramentos (1917), 1922.

_____. *Physiografia do Brasil* (curso da Escola de Independência do Exército), Rio de Janeiro, 1922.

_____. *Metodologia do Ensino de Geografia: introdução aos estudos da Geografia Moderna.* Rio de Janeiro, Livraria Francisco Alves. 1925.

_____. *Introdução à Geografia Política.* Rio de Janeiro, Livraria Francisco Alves. 1929.

_____. Evolução da Geografia Humana. *Boletim Geográfico.* Rio de Janeiro: CNG/IBGE, ano III, n.33, 1945, p.1172.

CARVALHO, José Murilo. *História intelectual no Brasil: a retórica como chave de leitura.* 2000, p.1-24, (mimeo). (Este trabalho pode também ser encontrado na Topoi: Revista de História do Programa de Pós-Graduacão em História Social da UFRJ, n.1, 2000).

CASTRO , Therezinha de. *Carlos Delgado de Carvalho*, mimeo, 1993.

COELHO, Edmundo Campos. *As profissões Imperiais: Medicina, Engenharia e Advocacia no Rio de Janeiro, 1822-1930.* Rio de Janeiro: Edtora Record, São Paulo, 1999.

CUNHA, Luiz Antônio. *A Universidade Temporã: o ensino superior da Colônia à Era de Vargas.* Rio de Janeiro: Editora Civilização Brasileira. 1980.

_____. O Ensino superior e a universidade no Brasil. In: Lopes, Eliane Marta Teixeira, et. alli (Org.) *500 anos de Educação no Brasil.* Autêntica, Belo Horizonte, 2000.

D'ARAUJO, Maria Celina (Org.). *As Instituições brasileiras da Era Vargas*. Rio de Janeiro: Fundação Getulio Vargas, 1999. 207p.

DEFFONTAINES, Pierre. Qu'est-ce que la Géographie Humnaine. *Lições Inaugurais da Missão Universitária Francesa durante o ano de 1936*, Rio de Janeiro, UDF, 1937. 191p. (PROEDES/UFRJ – UDF - Documento n.184, pasta 15).

_____. Geografia Humana do Brasil. *Revista Brasileira de Geografia*. Rio de Janeiro, v.1, n.1, jan./mar. 1939a, p. 19-67

_____. Geografia Humana do Brasil. *Revista Brasileira de Geografia*. Rio de Janeiro: IBGE, v.1, n.2, abr./jun. 1939b, p. 20-56

_____. Geografia Humana do Brasil. *Revista Brasileira de Geografia*. Rio de Janeiro: IBGE, v.1, n.3, jul./set. 1939c, p. 16-59.

_____. O que é Geografia Humana. *Boletim Geográfico*. Rio de Janeiro: CNG/IBGE, Ano 1, n.3, junho de 1943, p.13-17.

DE PAOLA, Andrely Quintella; GONSALEZ, Helenita Bueno. *Escola de Música da Universidade Federal do Rio de Janeiro: História & Arquitetura*. Rio de Janeiro: UFRJ, SR-5, 1998. 160p.

DINIZ FILHO, Luis Lopes. *Território e destino nacional: ideologias geográficas e políticas territoriais no Estado Novo, 1937-1945.* Orientador: Antônio Carlos Robert Moraes. São Paulo, 1993. Dissertação (Mestrado em Geografia). Universidade de São Paulo.

DOSSE, François. *A história à prova do tempo: da história em migalhas ao resgate do sentido.* São Paulo: Editora UNESP, 2001.

ESCOLAR, Marcelo. *Crítica do discurso geográfico.* São Paulo: Hucitec, 1996.

FAISSOL, Speridião. A Geografia Quantitativa no Brasil: como foi e o que foi? *Revista Brasileira de Geografia*, Rio de janeiro: IBGE, 51 (4), out./dez, 1989.

FAUSTO, Boris. *A Revolução de 30.* São Paulo: Brasiliense, 1970.

FÁVERO, Maria de Lourdes de Albuquerque (coord.). *Faculdade Nacional de Filosofia: projeto ou trama universitária? (1).* Rio de Janeiro: Editora UFRJ, 1989a.

_____. *Faculdade Nacional de Filosofia: o corpo docente: matizes de uma proposta autoritária (2).* Rio de Janeiro: Editora UFRJ, 1989b.

_____. *Faculdade Nacional de Filosofia: caminhos e descaminhos (3).* Rio de Janeiro: Editora UFRJ, 1989c.

_____. *Faculdade Nacional de Filosofia: os cursos (4)*. Rio de Janeiro: Editora UFRJ, 1989d.

FÁVERO, Maria de Lourdes de Albuquerque. *Universidade do Distrito Federal (1935-1939)*. Centro de Estudos e Produção do Saber. Série Instituições Educacionais e Científicas 003. Rio de Janeiro, novembro de 1994.

_____. *Universidade do Brasil: das origens à construção*. Rio de Janeiro: Editora UFRJ: Inep., v.1. 2000a.

FÁVERO, Maria de Lourdes de Albuquerque (Org.). *Universidade do Brasil: guia dos dispositivos legais*. Rio de Janeiro: Editora UFRJ/Inep. v.2, 2000b.

FERRAZ, Claudio B. O. *O discurso geográfico: a obra de Delgado de Carvalho no contexto da Geografia brasileira – 1913 a 1942*. Orientador: Ana Maria M.C. Maragoni. São Paulo, 1994. Dissertação (Mestrado em Geografia) - Universidade de São Paulo.

FERREIRA, Marieta de Moraes. Os professores franceses e o ensino da História no Rio de Janeiro nos anos 30. MAIO, M. C. e BÔAS, G. V. *Ideais de modernidade e sociabilidade no Brasil: ensaios sobre Luiz Aguiar Costa Pinto*. Rio Grande do Sul: Ed. Universidade/FRGS, 1999, p.277-300.

FERREIRA, Marieta de Moraes. Diário pessoal, autobiografia e fontes orais: a trajetória de Pierre Deffontaines. *Primeiro Simpósio de História do Pensamento Geográfico*. UNESP/Rio Claro. 1999a, p.131-138.

FERREIRA, Marilourdes Lopes. *Problemas conceituais e metodológicos na Geografia: o conceito regional e métodos de delimitação*. Orientação: Speridião Faissol. Rio de Janeiro, 1978. Dissertação (Mestrado em Geografia). Universidade Federal do Rio de Janeiro.

FIGUEIRÔA, Silvia F.M. *As Cências Geológicas no Brasil: uma história social e institucional, 1834-1934*. São Paulo: Hucitec. 1997.

FONSECA, Pedro Cezar Dutra. *Vargas: o capitalismo em construção (1906-1954)*. São Paulo: Brasiliense, 1989.

GEIGER, Pedro Pinchas. A industrialização e urbanização no Brasil: conhecimento e atuação da Geografia. *Revista Brasileira de Geografia*. Rio de Janeiro: IBGE. 50. n° especial. 1.2:59-84. 1988.

GOMES, Angela de Castro. *Essa Gente do Rio: Modernismo e Nacionalismo*. Rio de Janeiro: FGV. 1999.

_____. (Org.). *Capanema: o ministro e seu ministério.* Rio de Janeiro: Editora FGV, 2000. 276p.

GOMES FILHO, Francisco Alcântara. *Contribuição para a História da UERJ,* Série Histórias da História da UERJ, Rio de Janeiro: UERJ - n.1, 1994.

GONÇALVES, Carlos Walter Porto. *Os limites dos "limites do crescimento": uma contribuição à reflexão sobre a natureza e história.* Orientador: Milton Santos. 1985. Dissertação (Mestrado em Geografia). Universidade Federal do Rio de Janeiro.

GREGORY, K.J. *A Natureza da Geografia Física.* Rio de Janeiro: Bertrand Brasil. 1985.

HOLT-JENSEN, A. *Geografía: Historia y conceptos.* Barcelona: Ediciones Vincens-Vives. 1992.

IANNI, Octavio. *Estado e planejamento econômico no Brasil (1930-1970).* Rio de Janeiro: Civilização Brasileira, 1979.

LACOSTE, Yves (1985). *Geografia - Isso Serve em Primeiro Lugar, para Fazer a Guerra.* Papirus (1993), Brasil.

LAHUERTA, Milton. *Intelectuais e transição: entre a política e a profissão.* Orientador: Gabriel Cohn, 1999. Tese (Doutorado em Ciência Política) – Universidade de São Paulo.

LEFÈVRE, Jean Paul (1993). *Les missions universitaires françaises au Brésil dans les années 1930.* Vingtième Siècle (Revue d'histoire), n.38, avril-juin, p.24-33.

LOBO, Francisco Bruno. *UFRJ: subsídios à sua história.* Rio de Janeiro: UFRJ, 1980. 127p.

LOPES, Eliane Marta Teixeira. Júlio Afrânio Peixoto. FÁVERO, M.L.A. e BRITTO, J.M. *Dicionário de Educadores no Brasil: da colônia aos dias atuais.* Rio de Janeiro: Editora UFRJ/MEC-Inep, 1999, p.320-324.

MACHADO, Lia Osório. Origens do pensamento geográfico no Brasil: meio tropical, espaços vazios e a idéia de ordem (1870-1930). In: CASTRO ET.AL (Orgs.). *Geografia: conceitos e temas.* Rio de Janeiro: Bertrand Brasil, 1995. p. 309-351.

MACHADO, Mônica Sampaio. *Uma Contribuição à História Institucional da Geografia Carioca.* In: I ENCONTRO NACIONAL DE HISTÓRIA DO

PENSAMENTO GEOGRÁFICO, 1999, São Paulo: Rio Claro, 1999b. p. 147-151

_____. A contribuição de Delgado de Carvalho aos estudos geográficos brasileiros a partir da obra Le Brésil Méridional. *Revista GeoUERJ*. Rio de Janeiro. 1999a, p.17-28.

_____. Uma contribuição à história pré-institucional da Geografia Brasileira através da obra de José Verissimo. *Revista GeoUERJ*, Rio de Janeiro-RJ, v. 2º Sem, p. 57-72, 2001.

MANCEBO, Deise. *Da Gênese aos Compromissos: Uma história da UERJ*. Rio de Janeiro: EdUERJ, 1996.

MARTIN, André Roberto. *As fronteiras internas e a questão regional no Brasil*. Orientador: Antônio Armando Corrêa da Silva. São Paulo, 1993. Tese (Doutorado em Geografia). Universidade de São Paulo.

MICELI, Sergio. *História das ciências sociais no Brasil*. Volume 1. São Paulo: Edições Vértice, Editora Revista dos Tribunais: IDESP, 1989.

_____. História das ciências sociais no Brasil. Volume 2. São Paulo: Editora Sumaré: FAPESP, 1995.

MONTEIRO, Carlos Augusto de Figueiredo. *A Geografia no Brasil (1934-1977): avaliação e tendências*. São Paulo: Instituto de Geografia. FFLCH-USP,1980.

MONBEIG, Pierre. Estudos Geográficos. *Boletim Geográfico*. Rio de Janeiro: CNG/IBGE, ano I, fevereiro de 1944, n.11, p.7-11.

MORAES, Antonio Carlos Robert. *Ideologias geográficas: Espaço, política e cultura no Brasil*. São Paulo: Hucitec, 1988.

_____. Notas sobre a identidade nacional e a institucionalização da Geografia no Brasil. *Revista Estudos Históricos*, n. 8, 1991.

_____. História social da Geografia no Brasil: elementos para uma agenda de pesquisa. In: ENCONTRO NACIONAL DE HISTÓRIA DO PENSAMENTO GEOGRÁFICO, 1., 1999, Rio Claro. *Anais: mesas redondas*. Rio Claro: UNESP, 1999, v., 3 p. 17-23.

_____. *Território e História no Brasil*. São Paulo: Hucitec, 2002.198p.

MOREIRA, João Carlos. *Espaço e Cultura: São Paulo e a Semana de 22*. Orientador: Maria Adélia A. de Souza. São Paulo, 1997. Dissertação (Mestrado em Geografia). Universidade de São Paulo.

OLIVEIRA, Lúcia Lippi. *A questão nacional na Primeira República*. São Paulo: Brasiliense, 1ª ed., 1990.

_____. As ciências sociais no Rio de Janeiro. MICELI, S. (Org.). *História das ciências sociais no Brasil, volume 2*. São Paulo: Editora Sumaré: FAPESP, 1995, p.233-307.

PAIM, Antonio. *A UDF e a idéia de universidade*. Rio de Janeiro: Biblioteca Tempo Universitário 61. 1981. 144p.

PANDOLFII, Dulce (Org.). *Repensando o Estado Novo*. Rio de Janeiro: Editora FGV, 1999. 348p.

PENHA, Eli Alves. *A Criação do IBGE no contexto da centralização política do Estado Novo*. Cadernos Memória Institucional. Rio de Janeiro: CDDI – IBGE, 1993, 124 p.

PEREIRA, José Veríssimo da Costa. A Geografia no Brasil. AZEVEDO, Fernando. *As Ciências no Brasil*. Rio de Janeiro: Editora UFRJ, 1994, p.349-461.

PEREIRA, Sérgio Luiz Nunes. *Geografias: caminhos e lugares da produção do saber geográfico no Brasil, 1938/1992*. São Paulo, 1997. Orientador: W, Vesentini. Dissertação (Mestrado em Geografia) – Universidade de São Paulo.

PETRONE, Pasquale. Geografia humana. In: FERRI, M.G. e MOTOYAMA, S. (Coords.). *História das Ciências no Brasil*, São Paulo, EDUSP, vol. 1. 1979,P. p.304-330.

PIMENTA, Marita Silva. *Análise da estrutura Curricular do Curso de Geografia da UERJ*. Orientador: Nelly de Mendonça Moulin. Rio de Janeiro. 1985. Dissertação (Mestrado em Educação). Universidade do Estado do Rio de Janeiro.

QUAINI, Massimo. *A Construção da Geografia Humana*. Rio de Janeiro: Paz e Terra, 1983, 158p.

RAJA GABAGLIA, Fernando Antônio. Geografia política e engenharia. *Boletim Geográfico*. Rio de Janeiro: IBGE. v. 55, 1947, p.819-822.

RAJA GABAGLIA, Fernando Antônio. *As Fronteiras do Brasil*. (tese de concurso para a cadeira de Geografia do Colégio Pedro II, apresentada à Congregação do Colégio em 1918) Revista Studia, Rio de Janeiro: Colégio Pedro II, ano IV, dezembro de 1953, n.4.

RIBEIRO, Darcy. *Aos trancos e barrancos: como o Brasil deu no que deu*. Rio de Janeiro: Editora Guanabara, 1985.

ROCHA, Genylton O. R. *A trajetória da disciplina Geografia no currículo escolar brasileiro (1837-1942)*. Orientador: Ana Maria Saul. São Paulo, 1996. Dissertação (Mestrado em Educação). PUC-SP.

RUELLAN, Francis. Orientação científica dos métodos de pesquisa geográfica. *Revista Brasileira de Geografia*. Rio de Janeiro, v.5, n.1, jan./mar. 1943. p. 51-60.

SALVI, Rosana F. *Estudo do tempo na Geografia humana brasileira como uma categoria do método*. Orientador: Armando Corrêa da Silva. São Paulo, 1993. Dissertação (Mestrado em Geografia). Universidade de São Paulo.

SANTOS, M. *Por uma Geografia Nova*. Hucitec, Brasil, 1986.

SEGISMUNDO, Fernando. *Mestres do Passado: Fernando Antônio Raja Gabaglia*. Revista Studia, Rio de Janeiro: Colégio Pedro II, dezembro 1981, n.11, p.149-161.

_____. *Mestres do Passado II: duas personalidades (Oiticica e Delgado de Carvalho)*. Revista Studia, Rio de Janeiro: Colégio Pedro II, dezembro 1982, n.12, p.153-160.

SCHWARCZ, Lilia Moritz. *As Barbas do Imperador: D. Pedro II, um monarca nos trópicos*. São Paulo: Companhia das Letras, 1999.

_____. *O espetáculo das raças: cientistas, instituições e questão racial no Brasil*, 1870-1930. São Paulo: Cia. das Letras, 1995.

SCHWARTZMAN, Simon. *Estado Novo: um auto-retrato (Arquivo Gustavo Capanema)*, CPDOC/FGV, Editora Universidade de Brasília, 1983. 620p.

SCHWARTZMAN, Simon et allii *Tempos de Capanema*. São Paulo: Paz e Terra. Fundação Getulio Vargas, 2000. 405p.

SEGENREICH, Stella Cecília D. *A contribuição histórica de um projeto institucional: o caso da PUC Rio de Janeiro*. Rio de Janeiro: UFRJ, Série Instituições Educacionais e Científicas 002, 1994.

SILVA, Armando Corrêa da. A renovação geográfica no Brasil – 1976/1983 (As Geografias crítica e radical em uma perspectiva teórica). *Boletim Paulista de Geografia*. São Paulo: AGB, 2° semestre, 1984, p.73-140.

SILVA, Jorge L. Barcellos. *Notas Introdutórias de um itinerário interpretativo sobre a formação do pensamento geográfico brasileiro*. Orientador: Francisco Scarlato Capuano. São Paulo, 1996. Dissertação (Mestrado em Geografia). Universidade de São Paulo.

SIOLI, Harald. Apresentação. STERNBERG, Hilgard. *A água e o homem na Várzea do Careiro*. Belém: Museu Paraense Emílio Goeldi, 2ª edição, 1998, p.xi-xvi.

SOARES, Gláucio Ary Dillon. *A democracia interrompida*. Rio de Janeiro: FGV, 2001, 384p.

SODRÉ, Nelson Werneck. *O que se deve ler para conhecer o Brasil*. Rio de Janeiro: Coleção Conhecimentos do Brasil 2, 1945.

SOUZA Neto, Manuel F. *Senador Pompeu: um geógrafo no Império do Brasil*. Orientador: Antônio Carlos Robert Moraes. São Paulo, 1997. Dissertação (Mestrado em Geografia). Universidade de São Paulo.

STERNBERG, Hilgard O'Reilly. *Contribuição ao estudo da Geografia*. Rio de Janeiro: Ministério da Educação e Saúde. Serviço de Documentação. Imprensa Oficial, 1946, 135p.

TOTA, Antonio Pedro. *O imperialismo sedutor: a americanização do Brasil na época da Segunda Guerra*. São Paulo: Companhia das Letras, 2000. 235 p.

TROLL, Carl. A Geografia Científica na Alemanha, no período de 1933 a 1945. *Boletim Geográfico*. Rio de Janeiro: CNG/IBGE, ano VII, janeiro de 1950, n.82, p.1116-1130.

UNIVERSIDADE DE BRASÍLIA. *Plano orientador da Universidade de Brasília*. Brasília: UNB, 1962. 48p

VERÍSSIMO, José. *A educação nacional*. Rio de Janeiro: Francisco Alves. Pará: Editores Tavares & Cª. Livraria Universal. 1890.

VALVERDE. Orlando. *Pré-história da AGB carioca*. Terra Livre. São Paulo: AGB, n.10, jan./jul., 1992. p. 117-122.

_____. Evolução da Geografia Brasileira no após-guerra: carta aberta de Orlando e Orlando. *Boletim Paulista de Geografia*. n. 60. São Paulo, 1984. p.5-20.

ZUSMAN, Perla B. *Sociedades Geográficas na promoção do saber a respeito do território: estratégias políticas e acadêmicas das instituições geográficas na Argentina (1879-1942) e no Brasil (1838-1945)*. Orientador: Antônio Carlos Robert Moraes. São Paulo, 1996. Dissertação (Mestrado em Geografia), Universidade de São Paulo.

LISTA
DE DOCUMENTOS

LISTA DE DOCUMENTOS

IBGE
- IX CONGRESSO BRASILEIRO DE GEOGRAFIA. Anais. Rio de Janeiro: serviço gráfico do IBGE, v.1, 1941.
- CURSO DE INFORMAÇÕES GEOGRÁFICAS, IBGE, 1962, 1963, 1964, 1965, 1966, 1967, 1968, 1969, 1970, 1971,1972.

ARQUIVO NACIONAL
- ARQUIVO NACIONAL: IE3 259 (1823-1824-1845-1871 E 1872) Ministério do Império Projeto e pareceres das congregações das faculdades do Império sobre a criação de uma universidade, 53 SDE.
- Projeto de 1823 para organização de uma universidade no Rio de Janeiro com previsão de abertura para 1º de maio de 1824.
- Pareceres das Congregações das Faculdades do Império sobre a criação da Universidade (1871-1872).
- MINISTÉRIO DA JUSTIÇA. **Cadastro Nacional de Arquivos Federais**. Ministério da Justiça. Arquivo Nacional. Brasília: Presidência da República 1990.

BIBLIOTECA NACIONAL
- CARNEIRO, José Fernando Domingues. **Migração e Colonização no Brasil. Universidade do Brasil FNFI**. Cadeira de Geografia do Brasil, Publicação Avulsa, n.2, 1950, 73p.
- CENTRO DE PESQUISAS DE GEOGRAFIA DO BRASIL. Universidade do Brasil, Faculdade Nacional de Filosofia, **Série Bibliográfica**, Publicação n.1, Bibliografia Cartográfica do Brasil, Rio de Janeiro – Brasil, 1951.
- CENTRO DE PESQUISAS DE GEOGRAFIA DO BRASIL. Universidade do Brasil, Faculdade Nacional de Filosofia, **Série Bibliográfica**, Publicação n.2, Bibliografia Cartográfica do Brasil, Rio de Janeiro – Brasil, 1952.

- CENTRO DE PESQUISAS DE GEOGRAFIA DO BRASIL. Universidade do Brasil, Faculdade Nacional de Filosofia, **Série Bibliográfica**, Publicação n.3, Bibliografia Cartográfica do Brasil, Rio de Janeiro – Brasil, 1953.
- CENTRO DE PESQUISAS DE GEOGRAFIA DO BRASIL. Universidade do Brasil, Faculdade Nacional de Filosofia, **Série Bibliográfica**, Publicação n.4, Bibliografia Cartográfica do Brasil, Rio de Janeiro – Brasil, 1954.
- CENTRO DE PESQUISAS DE GEOGRAFIA DO BRASIL. Universidade do Brasil, Faculdade Nacional de Filosofia, **Série Bibliográfica**, Publicação n.5, Bibliografia Cartográfica do Brasil, Rio de Janeiro – Brasil, 1955.
- CENTRO DE PESQUISAS DE GEOGRAFIA DO BRASIL. Universidade do Brasil, Faculdade Nacional de Filosofia, **Série Bibliográfica**, Publicação n.6, Bibliografia Cartográfica do Brasil, Rio de Janeiro – Brasil, 1956.
- SMITH, Thomas Lynn. Introdução à análise das populações do Rio de Janeiro, **Universidade do Brasil. Faculdade Nacional de Filosofia (FNFI).** Cadeira de Geografia do Brasil, 1950, Publicação Avulsa, n.1.
- BN AT 22. 4. 55
- UNION GÈOGRAPHIQUE INTERNATIONALE – XVIII E. CONGRÈS INTERNATIONAL DE GÈOGRAPHIE (RJ – 1956)

PROGRAMA DE ESTUDOS E DOCUMENTAÇÃO EDUCAÇÃO E SOCIEDADE – UFRJ (PROEDES/UFRJ)

- PROEDES/UFRJ – UDF – Documento n. 186, pasta 17.
- Boletim da Universidade do Distrito Federal
- Secretaria Geral de Educação e Cultura (Officina Graphica Propria, Rio de Janeiro – Brasil) -anno I ; números 1 e 2; julho a dezembro de 1935.
- PROEDES/UFRJ – UDF – Documento n.187, pasta 18.
- Entrevista do Reitor da UDF Afonso Penna Júnior" concedida em 15 de maio de 1936 ao "O Jornal".
- PROEDES/UFRJ – UDF – Documento n.184, pasta 15.
- Lições Inaugurais da Missão Universitária Francesa durante o ano de 1936 (UDF – RJ – 1937. 191p.)
- PROEDES/UFRJ – UDF – Documento n. 36, pasta 006.
- Relação Geral de Professores da UDF, 1936

- PROEDES/UFRJ – UDF – Documento n. 100, pasta 008.
- Planos dos Cursos da Escola de Economia e Direito, 1936
- PROEDES/UFRJ – UDF – Documento n. 103, pasta 008
- Relatório do Diretor da Escola de Economia e Direito ao Reitor, 1937.
- PROEDES/UFRJ – UDF – Documento n. 001, pasta 01.
- A Universidade do Distrito Federal, 1937
- PROEDES/UFRJ – UDF – Documento n. 071 – pasta 007
- Relação de Alunos das Escolas de Economia e Direito, 1937
- PROEDES/UFRJ – UDF – Documento n. 117, pasta 010
- Projeto de Estatuto do CEG (Centro de Estudos Geográficos), 1936.
- PROEDES/UFRJ – UDF – Documento n. 125, pasta 012
- Carta de Josué de Castro para Capanema, 11 de abril de 1939.
- PROEDES/UFRJ – UDF – Documento n. 43, pasta 006
- Carta de Odette Toledo ao prof. Pierre Deffontaines, Rio de Janeiro, 19 de janeiro de 1937.
- PROEDES/UFRJ – UDF – Documento n. 53, pasta 006
- Carta do prof. Pierre Deffontaines à Odette Toledo, Bahia, 24 de outubro de 1936.
- PROEDES/UFRJ – UDF – Documento n. 54, pasta 006
- Carta do prof. Pierre Deffontaines à Odette Toledo, Lille, 19 de dezembro de 1936.
- PROEDES/UFRJ – UDF – Documento n. 55, pasta 006
- Carta do prof. Pierre Deffontaines à Odette Toledo, Lille, 14 de janeiro de 1938.
- PROEDES/UFRJ – UDF – Documento n. 56, pasta 006
- Carta do prof. Pierre Deffontaines à Odette Toledo, Paris, 26 de março de 1938.
- PROEDES/UFRJ – UDF – Documento n. 57, pasta 006
- Carta do prof. Pierre Deffontaines à Odette Toledo, Paris, 01 de janeiro de 1939.
- PROEDES/UFRJ – UDF – Documento n. 184, pasta 15
- Lições Inaugurais da Missão Universitária Francesa, durante o Ano de 1936, Rio de Janeiro: UDF, 1937, p.145-168.

- PROEDES/UFRJ – UNIVERSIDADE DO BRASIL. Ata do Conselho Técnico Administrativo de 9 de abril de 1943.
- PROEDES/UFRJ – UNIVERSIDADE DO BRASIL. Ata do Conselho Técnico sessão extraordinária realizada em 25 de junho de 1943.
- PROEDES/UFRJ – UNIVERSIDADE DO BRASIL. Ata do Conselho Técnico de 1 de fevereiro de 1944.
- PROEDES/UFRJ – UNIVERSIDADE DO BRASIL. Ata do Conselho Técnico de 4 de julho de 1944.
- PROEDES/UFRJ – UNIVERSIDADE DO BRASIL. Ata do Conselho Técnico a Sessão realizada no dia 7 de agosto de 1945.
- PROEDES/UFRJ – UNIVERSIDADE DO BRASIL. Ata do Conselho Técnico de 7 de agosto de 1945.
- PROEDES/UFRJ – UNIVERSIDADE DO BRASIL. Ata do Conselho Departamental realizada no dia 24 de abril de 1945.
- PROEDES/UFRJ – UNIVERSIDADE DO BRASIL. Ata do Conselho Departamental de 8 de janeiro de 1946.
- PROEDES/UFRJ – UNIVERSIDADE DO BRASIL. Ata do Conselho Departamental do dia 26 de fevereiro de 1946.
- PROEDES/UFRJ – UNIVERSIDADE DO BRASIL. Ata do Conselho Departamental de 26 de abril de 1946.
- PROEDES/UFRJ – UNIVERSIDADE DO BRASIL. Ata do Conselho Departamental de 11 de julho de 1946.
- PROEDES/UFRJ – UNIVERSIDADE DO BRASIL. Ata do Conselho Departamental de 26 de abril de 1946.
- PROEDES/UFRJ – UNIVERSIDADE DO BRASIL. Ata do Conselho Departamental de 02 de janeiro de 1947.
- PROEDES/UFRJ – UNIVERSIDADE DO BRASIL. Ata do Conselho Departamental de 25 de fevereiro de 1947.
- PROEDES/UFRJ – UNIVERSIDADE DO BRASIL. Ata do Conselho Departamental de 15 de julho de 1947.
- PROEDES/UFRJ – UNIVERSIDADE DO BRASIL. Ata do Conselho Departamental de 20 de janeiro de 1948.
- PROEDES/UFRJ – UNIVERSIDADE DO BRASIL. Ata do Conselho Departamental de 8 de marco de 1948.

- PROEDES/UFRJ – UNIVERSIDADE DO BRASIL. Ata do Conselho Departamental de 16 de março de 1948.
- PROEDES/UFRJ – UNIVERSIDADE DO BRASIL. Ata do Conselho Departamental de 13 de junho de 1948.
- PROEDES/UFRJ – UNIVERSIDADE DO BRASIL. Ata do Conselho Departamental de 26 de julho de 1949.
- PROEDES/UFRJ – UNIVERSIDADE DO BRASIL. Ata do Conselho Departamental de 02 de agosto de 1949.
- PROEDES/UFRJ – UNIVERSIDADE DO BRASIL. Ata do Conselho Departamental de 22 de novembro de 1950.
- PROEDES/UFRJ – UNIVERSIDADE DO BRASIL. Ata do Conselho Departamental de 1 de fevereiro de 1951.
- PROEDES/UFRJ – UNIVERSIDADE DO BRASIL. Ata do Conselho Departamental de 3 de julho de 1951.
- PROEDES/UFRJ – UNIVERSIDADE DO BRASIL. Ata do Conselho Departamental da reunião efetuada em 31 de novembro de 1951.
- PROEDES/UFRJ – UNIVERSIDADE DO BRASIL. Ata do Conselho Departamental de 29 de janeiro de 1952.
- PROEDES/UFRJ – UNIVERSIDADE DO BRASIL. Ata do Conselho Departamental de 29 de junho de 1952.
- PROEDES/UFRJ – UNIVERSIDADE DO BRASIL. Ata do Conselho Departamental de 9 de setembro de 1952.
- PROEDES/UFRJ – UNIVERSIDADE DO BRASIL. Ata do Conselho Departamental de 4 de novembro de 1952.
- PROEDES/UFRJ – UNIVERSIDADE DO BRASIL. Ata do Conselho Departamental de 25 de novembro de 1952.
- PROEDES/UFRJ – UNIVERSIDADE DO BRASIL. Ata do Conselho Departamental em 15 de dezembro de 1952.
- PROEDES/UFRJ – UNIVERSIDADE DO BRASIL. Ata do Conselho Departamental de 6 de janeiro de 1953.
- PROEDES/UFRJ – UNIVERSIDADE DO BRASIL. Ata do Conselho Departamental de 24 de novembro de 1953.
- PROEDES/UFRJ – UNIVERSIDADE DO BRASIL. Ata do Conselho Departamental de 14 de setembro de 1954.

- PROEDES/UFRJ – UNIVERSIDADE DO BRASIL. Ata do Conselho Departamental de 19 de dezembro de 1955.
- PROEDES/UFRJ – UNIVERSIDADE DO BRASIL. Ata do Conselho Departamental no dia 10 de julho de 1956.
- PROEDES/UFRJ – UNIVERSIDADE DO BRASIL. Ata do Conselho Departamental de 02 de julho de 1957.
- PROEDES/UFRJ – UNIVERSIDADE DO BRASIL. Ata do Conselho Departamental de 4 de agosto de 1959.
- PROEDES/UFRJ – UNIVERSIDADE DO BRASIL. Ata do Conselho Departamental de 17 de agosto de 1959.
- PROEDES/UFRJ – UNIVERSIDADE DO BRASIL. Ata do Conselho Departamental de 28 de fevereiro de 1961.
- PROEDES/UFRJ – UNIVERSIDADE DO BRASIL. Ata do Conselho Departamental de 17 de outubro de 1961.
- PROEDES/UFRJ – UNIVERSIDADE DO BRASIL. Ata do Conselho Departamental de 26 de março de 1963.
- PROEDES/UFRJ – UNIVERSIDADE DO BRASIL. Ata da Congregação de 26 de agosto de 1943.
- PROEDES/UFRJ – UNIVERSIDADE DO BRASIL. Ata da seção da Congregação de 18 de dezembro de 1944.
- PROEDES/UFRJ – UNIVERSIDADE DO BRASIL. Ata da Congregação, reunião extraordinária de 24 de novembro de 1945.
- PROEDES/UFRJ – UNIVERSIDADE DO BRASIL. Ata da Congregação de 21 de outubro de 1946.
- PROEDES/UFRJ – UNIVERSIDADE DO BRASIL. Ata da Congregação de 23 de novembro de 1946.
- PROEDES/UFRJ – UNIVERSIDADE DO BRASIL. Ata da Congregação do dia 07 de dezembro de 1946.
- PROEDES/UFRJ – UNIVERSIDADE DO BRASIL. Ata da Congregação de 24 de dezembro de 1947.
- PROEDES/UFRJ – UNIVERSIDADE DO BRASIL. Ata da Congregação em 20 de junho de 1949.
- PROEDES/UFRJ – UNIVERSIDADE DO BRASIL. Ata da Congregação de 23 de março de 1950.

- PROEDES/UFRJ – UNIVERSIDADE DO BRASIL. Ata da Congregação de 14 de novembro de 1951.
- PROEDES/UFRJ – UNIVERSIDADE DO BRASIL. Ata da Congregação de 14 de dezembro de 1951.
- PROEDES/UFRJ – UNIVERSIDADE DO BRASIL. Ata da Congregação de 10 de março de 1952.
- PROEDES/UFRJ – UNIVERSIDADE DO BRASIL. Ata da Congregação de 10 de novembro de 1952.
- PROEDES/UFRJ – UNIVERSIDADE DO BRASIL. Ata da Congregação de 1 de dezembro de 1952.
- PROEDES/UFRJ – UNIVERSIDADE DO BRASIL Ata da Congregação de 11 de dezembro de 1953.
- PROEDES/UFRJ – UNIVERSIDADE DO BRASIL. Ata da Congregação, reunião extraordinária realizada no dia 18 de outubro de 1954.
- PROEDES/UFRJ – UNIVERSIDADE DO BRASIL. Ata da Congregação de 9 de dezembro de 1953.
- PROEDES/UFRJ – UNIVERSIDADE DO BRASIL. Ata da Congregação de 15 de dezembro de 1953.
- PROEDES/UFRJ – UNIVERSIDADE DO BRASIL. Ata da Congregação, reunião extraordinária de 23 de dezembro de 1954.
- PROEDES/UFRJ – UNIVERSIDADE DO BRASIL. Ata da Congregação de 24 de maio de 1955.
- PROEDES/UFRJ – UNIVERSIDADE DO BRASIL. Ata da congregação de 13 de setembro de 1955.
- PROEDES/UFRJ – UNIVERSIDADE DO BRASIL. Ata da Congregação de 24 de outubro de 1955.
- PROEDES/UFRJ – UNIVERSIDADE DO BRASIL. Ata da Congregação de 14 de novembro de 1955.
- PROEDES/UFRJ – UNIVERSIDADE DO BRASIL. Ata da Congregação de 22 de novembro de 1955.
- PROEDES/UFRJ – UNIVERSIDADE DO BRASIL. Ata da Congregação de 27 de dezembro de 1955.
- PROEDES/UFRJ – UNIVERSIDADE DO BRASIL. Ata da Congregação de 14 de agosto de 1956.

- PROEDES/UFRJ – UNIVERSIDADE DO BRASIL. Ata da Congregação de 21 de setembro de 1956.
- PROEDES/UFRJ – UNIVERSIDADE DO BRASIL. Ata da Congregação de 28 de fevereiro de 1957.
- PROEDES/UFRJ – UNIVERSIDADE DO BRASIL. Ata da Congregação de 22 de março de 1957.
- PROEDES/UFRJ – UNIVERSIDADE DO BRASIL. Ata da Congregação de 6 de agosto de 1957.
- PROEDES/UFRJ – UNIVERSIDADE DO BRASIL. Ata da Congregação de 7 de novembro de 1958.
- PROEDES/UFRJ – UNIVERSIDADE DO BRASIL. Ata da Congregação, reunião extraordinária de 23 de julho de 1959.
- PROEDES/UFRJ – UNIVERSIDADE DO BRASIL. Ata da Congregação efetuada em 3 de abril de 1961.
- PROEDES/UFRJ – UNIVERSIDADE DO BRASIL. Ata da Congregação de 2 de julho de 1964.
- PROEDES/UFRJ – UNIVERSIDADE DO BRASIL. Ata da Congregação de 27 de outubro de 1966.
- PROEDES/UFRJ – UNIVERSIDADE DO BRASIL. Ata da Congregação de 27 de setembro de 1967.
- PROEDES/UFRJ – UNIVERSIDADE DO BRASIL. Ata da Congregação do dia 22 de dezembro de 1967.
- PROEDES/UFRJ – UNIVERSIDADE DO BRASIL. Portaria n. 34, de 22 de julho de 1944.
- PROEDES/UFRJ – UNIVERSIDADE DO BRASIL. Portaria n. 39, de 3 de agosto de 1944.
- PROEDES/UFRJ – UNIVERSIDADE DO BRASIL. Portaria n. 72, de 29 de novembro de 1944.
- PROEDES/UFRJ – UNIVERSIDADE DO BRASIL. Portaria n. 42, de 23 de julho de 1945.
- PROEDES/UFRJ – UNIVERSIDADE DO BRASIL. Portaria n.7, de 8 de fevereiro de 1946.
- PROEDES/UFRJ – UNIVERSIDADE DO BRASIL. Portaria n. 4, de 29 de janeiro de 1947.

- PROEDES/UFRJ – UNIVERSIDADE DO BRASIL. Portaria n. 4, de 29 de janeiro de 1947.
- PROEDES/UFRJ – UNIVERSIDADE DO BRASIL. Portaria n.26, de 31 de maio de 1948.
- PROEDES/UFRJ – UNIVERSIDADE DO BRASIL. Portaria n.51, de 21 de junho de 1951.
- PROEDES/UFRJ – UNIVERSIDADE DO BRASIL. Portaria n.76, de 12 de setembro de 1951.
- PROEDES/UFRJ – UNIVERSIDADE DO BRASIL. Portaria n.55, de 30 de setembro de 1952.
- PROEDES/UFRJ – UNIVERSIDADE DO BRASIL. Portaria 63 a, de 3 de novembro de 1952.
- PROEDES/UFRJ – UNIVERSIDADE DO BRASIL. Portaria 52 a, de 16 de julho de 1957.
- PROEDES/UFRJ – UNIVERSIDADE DO BRASIL. Portaria n. 4, de 4 de janeiro de 1959.
- PROEDES/UFRJ – UNIVERSIDADE DO BRASIL, Portaria n.8, de 20 de janeiro de 1960.
- PROEDES/UFRJ – UNIVERSIDADE DO BRASIL. Portaria n.94, de 3 de maio de 1960.
- PROEDES/UFRJ – UNIVERSIDADE DO BRASIL. Portaria n.6, de 30 de março de 1962.
- PROEDES/UFRJ – UNIVERSIDADE DO BRASIL. Portaria n.16, de 25 de abril de 1962.
- PROEDES/UFRJ – UNIVERSIDADE DO BRASIL. Portaria n.42, de 19 de novembro de 1964.
- PROEDES/UFRJ – UNIVERSIDADE DO BRASIL. Portaria n.5, de 11 de janeiro de 1965.
- PROEDES/UFRJ – UNIVERSIDADE DO BRASIL. Livro de Horários de 1942-1951.
- PROEDES/UFRJ – UNIVERSIDADE DO BRASIL. Livro de Horários de 1953.
- PROEDES/UFRJ – UNIVERSIDADE DO BRASIL. Livro de Horários de 1966/1967.

DEPOIMENTOS – PROEDES

- ABREU, Décio. Depoimento concedido em 06 de setembro de 1989 a Daphine Conte de Carvalho, Elizabeth Jones e Mônica Caminiti Ro-Rén. In: Fávero (coord.) **Depoimentos**. Rio de Janeiro, UFRJ/FUB/CFCH/FE-PROEDES, 1992.
- LINHARES, Maria Yedda Leite. Depoimento concedido em 21 de junho de 1989 a Bárbara Gil Guedes e Martha C. Salgado Bonardi. In: Fávero (coord.) **Depoimentos**. Rio de Janeiro, UFRJ/FUB/CFCH/FE-PROEDES, 1992a.

DEPOIMENTOS – MÔNICA MACHADO

- BECKER, Bertha. Depoimento concedido à Mônica Sampaio Machado, em 06 de setembro de 2001. Rio de Janeiro.
- GALVÃO, Maria do Carmo Corrêa. Depoimento concedido à Mônica Sampaio Machado, em 05 de fevereiro de 2002. Rio de Janeiro.
- GEIGER, Pedro. Depoimento concedido à Mônica Sampaio Machado, em 31 de outubro de 2001. Rio de Janeiro.
- LIMA, Miguel Alves de. Depoimento concedido à Mônica Sampaio Machado, em 02 de outubro de 2001. Rio de Janeiro.
- MARQUES, Jorge Soares. Depoimento concedido à Mônica Sampaio Machado, em 12 de setembro de 2001. Rio de Janeiro.

DEPOIMENTOS – REVISTA GEOSUL

- ANDRADE, Manuel Correia de. Depoimento concedido a Victor Peluso Junior, Armem Mamigonian, Roland Luiz Pizzolatti, Maria Dolores. **Revista Geosul**. Santa Catarina: UFSC, n.12/13, ano VI, 2º semestre de 1991 e 1º semestre de 1992, p.131-169.
- SANTOS, Milton. Depoimento concedido a Armen Mamigonian, Ewerton Vieira Machado, Maria Dolores Buss e Raquel Maria Fontes do Amaral Pereira. **Revista Geosul**. Santa Catarina: UFSC, n.12/13, ano VI, 2º semestre de 1991 e 1º semestre de 1992, p.170-201.

DEPOIMENTOS – REVISTA GEOUERJ
- CORRÊA, Roberto Lobato. Depoimento concedido a Miguel Ângelo Ribeiro, Rio de Janeiro: **Revista GeoUERJ**, p.101-107.

BIBLIOTECA PROGRAMA DE PÓS-GRADUAÇÃO EM GEOGRAFIA – UFRJ
- BECKER, Bertha Koiffmann. **Memorial Bertha Becker**. Memorial que acompanha o requerimento de inscrição em concurso para provimento de cargo de professor titular no Departamento de Geografia da UFRJ. 1993.
- BECKER, Bertha e EGLER, Claudio. **Projeto de implantação do Laboratório de Gestão Territorial**. Mimeo, s/data
- GALVÃO, Maria do Carmo C. **Memorial Maria do Carmo Corrêa Galvão**. Memorial que acompanha o requerimento de inscrição em concurso para provimento de cargo de professor titular no Departamento de Geografia da UFRJ. 1993.

FUNDAÇÃO GETULIO VARGAS (FGV) – CENTRO DE PESQUISA E DOCUMENTAÇÃO DE HISTÓRIA CONTEMPORÂNEA DO BRASIL (CPDOC)
- FGV – ARQUIVO GUSTAVO CAPANEMA (GC)
- GC pi Capanema, G. 1944.00.00 (textual)
- Microfilmagem: rolo 7 fot. 751 (3) a 755 – Discurso proferido no X Congresso Brasileiro de Geografia, sobre problemas relativos ao ensino desta disciplina. Rio de Janeiro, 1944.
- FGV – ARQUIVO GUSTAVO CAPANEMA (GC)
GC – Rolo 34, fot. 372
IBGE/CNG – Resolução n. 156, de 18 de abril de 1944.
- FGV – ARQUIVO GUSTAVO CAPANEMA (GC)
GC – Rolo 34, fot. 378
Carta de Carlos Macedo Soares ao Ex. Sr. Ministro
20 de abril de 1944.
- FGV – ARQUIVO GUSTAVO CAPANEMA (GC)
GC – Rolo 34, fot. 375

Telegrama dos professores do Curso de Geografia e História da Universidade de São Paulo, assinado por Plinio Ayrosa.
São Paulo, 25 de abril de 1944.
- FGV – ARQUIVO GUSTAVO CAPANEMA (GC)
GC – Rolo 34, fot. 375
Telegrama do Ministro Gustavo Capanema ao professor Plinio Ayrosa, em resposta aos professores do Curso de Geografia e História da Universidade de São Paulo.
Rio de Janeiro, 2 de maio de 1944.

DEPOIMENTOS – CPDOC/FVG
- LINHARES, Maria Yedda Leite. Depoimento concedido à Dora Rocha. Revista Estudos Históricos, Rio de Janeiro: CPDOC/FVG, vol. 5, n.10, 1992b, p.216-236.

DOCUMENTOS LEVANTADOS NA UNIVERSIDADE FEDERAL FLUMINENSE – SETOR DE ARQUIVO PERMANENTE DO ARQUIVO CENTRAL
- FACULDADE FLUMINENSE DE FILOSOFIA
- UNIVERSIDADE FEDERAL DO ESTADO DO RIO DE JANEIRO
- FFF/SCM – Convênio entre Sociedade Cooperativa Mantenedora (SCM) e a Secretaria de Educação do Estado do Rio de Janeiro – 1947
- FFF/SCM – Lista Nominativa dos Associados – 1946, 1952 e 1954
- FFF/SCM – Acordo firmado entre SCM e o Governo do Estado do Rio para agregar a FFF à Universidade Federal do Estado do Rio de Janeiro (1957-58)
- FFF/GEHI – Ficha de Freqüência do Curso de Geografia e História (1ª – 3ª séries 1947-1950)
- FFF/GEHI – Ficha de Freqüência do Curso de Geografia e História (1ª – 3ª. séries 1951-53).
- FFF/GEHI – Ficha de Freqüência do Curso de Geografia e História (1ª – 3ª séries – 1954-1955).
- FFF/GEHI – Ficha de Freqüência do Curso de Geografia e História (1ª – 3ª séries 1956-1958)

DOCUMENTOS DE OUTRAS INSTITUIÇÕES
- MARINHO, I. e INNECO, L. (orgs.). **O Colégio Pedro II: cem anos depois.** Publicação patrocinada pela Comissão Organizadora dos Festejos Comemorativos do 1º centenário do Colégio Pedro II, sob a presidência do Professor Raja Gabaglia. Villas Boas & C., 1938. 1ª edição
- BACKHEUSER, Everardo. Eugênio de Barros Raja Gabaglia. MARINHO, I. e INNECO, L. (orgs.). **O Colégio Pedro II: cem anos depois.** Publicação patrocinada pela Comissão Organizadora dos Festejos Comemorativos do 1º centenário do Colégio Pedro II, sob a presidência do Professor Raja Gabaglia. Villas Boas & C., 1938. 1ª edição
- ASSOCIAÇÃO DOS GEÓGRAFOS BRASILEIROS, SÃO PAULO (AGB-SP). **Anais da AGB: 1945-1946.** São Paulo: AGB, v.1, 1949.
- http://www.jousedecastro.com.br

Este livro foi impresso nas oficinas gráficas
da Editora Vozes Ltda., para Editora Apicuri, em 2009.
1ª edição